# 浙江万达财富大厦工程技术管理创新与实践

周伯成　吴乃君　黄月祥　周继成　编著

东南大学出版社
·南京·

## 内 容 提 要

科技创新及贡献率对于建筑行业发挥着至关重要的作用,科技应用与质量创优之间的关系更加紧密。浙江万达财富大厦工程是浙江省诸暨市标志性建筑,国家优质奖获奖工程,科技创新集成工程。本书详述了该工程中技术创新的实施,具有内容翔实、创新鲜明、通俗易懂、便于应用等特点。全书共分为 7 章,涉及工程概况及特点,施工组织方案及实施,施工现场总平面布置,"四新"技术及创优质量控制,施工进度计划和保证措施,安全生产、文明施工和环境保护措施,质量创优夺杯策划及新措施,具有很强的实践指导意义。

本书可以作为施工现场管理人员和技术人员的参考用书,也可作为土木工程等相关专业专科生、本科生及研究生的学习用书。

**图书在版编目(CIP)数据**

浙江万达财富大厦工程技术管理创新与实践 / 周伯
成等编著. — 南京:东南大学出版社,2019.5
 ISBN 978-7-5641-7611-2

Ⅰ.①浙… Ⅱ.①周… Ⅲ.①超高层建筑-建筑工程
-工程技术-技术管理-浙江 Ⅳ.TU97

中国版本图书馆 CIP 数据核字(2018)第 327970 号

浙江万达财富大厦工程技术管理创新与实践
Zhejiang Wanda Caifu Dasha Gongcheng Jishu Guanli Chuangxin yu Shijian

出版发行:东南大学出版社
社　　址:南京市四牌楼 2 号　邮编:210096
出 版 人:江建中
责任编辑:戴坚敏
网　　址:http://www.seupress.com
电子邮箱:press@seupress.com
经　　销:全国各地新华书店
印　　刷:南京京新印刷有限公司
开　　本:787mm×1092mm　1/16
印　　张:7.25
字　　数:201 千字
版　　次:2019 年 5 月第 1 版
印　　次:2019 年 5 月第 1 次印刷
书　　号:ISBN 978-7-5641-7611-2
定　　价:45.00 元

本社图书若有印装质量问题,请直接与营销部联系。电话:025 - 83791830

# [前 言]

创新、协调、绿色、开放、共享的五大发展理念，对建筑业发展全局是一场深刻变革。浙江万达建设集团有限公司开展质量创优与科技创新活动，充分体现了创新引领、区域协调、绿色优先、开放自信和成果共享的相互贯通、相互促进的集合型发展思路，是当前建筑业高质量发展及建筑业转型升级的必由之路。

几年来，高大新奇建筑的创建实践表明，不仅在全国各地建成了一些具有高科技含量的区域地标性示范工程，同时也创新形成一大批成熟的施工技术，从而造就出一支专业施工的专家骨干队伍。浙江万达建设集团有限公司基于万达财富大厦及地下室工程，深刻阐述其创新技术及工程实施，包括工程概况及特点，施工组织方案及实施，施工现场总平面布置，"四新"技术及创优质量控制，施工进度计划和保证措施，安全生产、文明施工和环境保护措施，质量创优夺杯策划及新措施等主要内容。本书所涉及的内容技术先进、科学合理，具有较强的实用性，并且这些技术均在实践中得到应用，具有示范引领和推广应用价值，也可供建筑施工方面管理者及技术人员学习、参考和借鉴。

本书出版之际，谨向为本技术成果出版做出突出贡献的专家和工作人员（浙江万达建设集团有限公司何初光、陶高富、朱学佳、杨烨辉、周毅等）表示谢意。

作者

2019 年 5 月 20 日

# [目　录]

# 第一章

# 工程概况及特点

## 第一节  总体概况

### 一、工程总体概况

工程名称:万达财富大厦及地下室工程。

业主单位:浙江万达建设集团诸暨置业有限公司。

建设地点:浙江省诸暨市城东中心区块。

工程概况:本工程施工建筑范围内为全地下室工程,本工程总建筑面积约 46 272 m²(包括地下室),其中地上 35 475 m²,地下约 10 815 m²,主楼 26 层,最高点 99 m,地下室 2 层,其工程情况如图 1-1 和图 1-2 所示。

图 1-1  工程现状情况

图 1-2  工程实体情况

本工程基础及主体结构施工时垂直运输主要由 QTZ 6310 塔吊 1 台、SCD 200/200 A型人货电梯 1 台完成。

混凝土采用商品混凝土,少量现场自拌混凝土,对不能直接用汽车泵的楼层,采用 HBT 60C 混凝土泵泵送。少量混凝土采用 JS 350 混凝土搅拌机,按平面位置配置 JS 350 混凝土搅拌机 2 台,现浇梁板支撑体系、外脚手架全部采用钢管脚手架。

本工程主体结构施工和装饰施工期间,垂直运输主要由 QTZ 6310 塔吊 1 台、SCD 200/200 A 型人货电梯 1 台完成,装饰阶段附楼增添 1 台型钢井架。

施工用电采用三相五线制,做到三级配电、二级保护。模板工程全部采用钢管支撑。

## 二、地形地貌及环境条件

浙江万达财富大厦工程位于诸暨市城东中心区 B1-09 地块,根据业主提供的资料,拟建工程用地面积约为 7 927 m²。建筑物为16～26 层,总建筑面积约 46 272 m²(包括地下室),其中地上 35 475 m²,地下约 10 815 m²。拟建场地属山前缓坡与平原过渡带地貌,场地原为农田,局部有回填土。黄海高程在 8.00～9.00 m 之间。±0.000 暂定为黄海高程 9.800 m,地下室底板板厚为 500 mm,垫层厚度为 100 mm,垫层底标高主要为 −10.050 m(黄海高程为 −0.250 m)。基坑开挖深度在 8.850～8.600 m 之间。基坑周边环境:基坑北侧为规划道路(现为空地)及待建的宏磊大厦(B1-07 地块),建设用地范围线距离地下室外墙线 11.70 m;基坑南侧东二路,路基边距离地下室外墙线最近为 4.40 m;基坑东侧为纵一路(半刚性路基已施工),路基边距离地下室外墙线最近为 4.0 m;基坑西侧为规划道路(现为空地)及待建的海信雄风大厦(B1-08 地块),建设用地范围线距离地下室外墙线 13.0 m。

## 三、施工主要特点

(1) 本工程平面轴线尺寸较大,两层地下室,如何提高现场的平面测量精度和做好基坑围护是本工程施工的重点之一。

(2) 本工程基础地下室施工阶段主要在春、夏季多雨季节,必须采用特殊季节施工措施。钻孔灌注桩(工程桩、围护桩)、压顶梁及锚杆施工、基坑开挖施工、深基坑开挖监测、大体积混凝土施工、地下室墙体外回填土施工是本工程基础地下室施工能否顺利完成的前提。

(3) 本工程采用大量新材料、新工艺等,如何安排其施工组织实施,是本工程质量管理的重点。

(4) 本工程作为大型建筑及本公司的年度创杯项目,工程的质量、安全、工期三者协调是重中之重。

# 第二节　结构特点

本工程结构用料主要为钢筋混凝土,结构体系为框架剪力墙结构,绝大多数为现浇施工,模板工程在结构施工阶段耗用人工、占用工期相对较大。

基础施工主要为钻孔灌注桩、压顶梁施工、基坑开挖施工、深基坑开挖监测、大体积混凝土施工、地下室墙体外回填土施工、地下车库模板制作和安装、钢筋制作安装、地下车库抗渗混凝土的浇筑、泵送混凝土的浇筑等施工工序,需分阶段、分幢号进行交叉施工作业。

## 一、基坑开挖

基坑开挖前,应提供基坑开挖施工组织设计,选定开挖机械、开挖程序、机械和运输车辆行驶路线、地面和基坑坑内排水措施、雨季台风汛期施工等措施。

基坑开挖前必须对邻近建筑物、构筑物、给水、排水、煤气、电力、电话等地下管线进行调查,摸清位置、埋设标高、基础和上部结构形式,当处于基坑较强影响区范围内时必须采取可靠保护措施。当邻近建筑物可能受基坑开挖影响时,应详细调查其已有裂缝或破损情况并做好记录;当处于基坑较强影响区范围内时,必须采取可靠保护措施。

为了确保开挖后的边坡不受雨水冲刷、减少雨水渗入土体,可在斜坡表面铺设彩条布或喷水泥砂浆保护,坡坎外设排水沟或筑挡水土堤,坑内需设排水沟和集水井,用水泵抽掉积水。

挖出的土方宜随挖随运,每班土方应当班运出,不应堆在坑边,应尽量减少坑边的地面堆载,基坑堆载应严格控制在 $10 \, kN/m^2$ 以下。

基坑应分层开挖,上层土方在东出口、南出口两个方向往中间挖运,中部同下部的土方由南出口向东、南方向挖运,底部基础土方最终从北面通向底部的施工道路向南出口挖运完成。应防止挖土机械开挖面坡度过陡、运输车辆荷载引起土体位移、桩基侧移、底面隆起等异常现象的发生,基础开挖时用小型机械操作。

采用机械开挖基坑时,须保持坑底土体原状结构。根据土体情况和挖土机械类型,应保留 $200 \sim 300 \, mm$ 土层由人工挖除铲平。每班停班后机械应停在 1:2 坡度以外处。

基坑开挖经验收后应立即进行垫层和基础施工,防止太阳暴晒和雨水浸刷而破坏基土原状结构。

本工程基坑设有内支撑挡土系统,应按设计确定开挖深度,不许超深开挖。挖土机械、运输车辆位于坑边时,宜采用搭设平台、铺设走道板等措施支承重型设备,以减少边荷对挡土结构的侧压力。

严禁边施工支护结构或桩基工程未施工完即开挖基坑等严重违规情况发生。

除上述规定外,尚应遵守围护结构设计图中有关技术要求。

## 二、基坑施工监测

监测工作必须由具有相应工程监测资质的单位承担,并由建设单位委托进行。

基坑监测包括以下内容:

**1. 深基坑开挖监测**

(1)支护结构水平位移。

(2)对周围已有建筑物或地下管线等引起的附加沉降、位移、裂缝。

(3)支护桩、支撑内力或轴力。

(4)土体分层标高,地下水位,立柱变形,基坑底隆起。

(5)基坑边坡稳定,土体分层竖向位移。

监测单位没有进场工作前,不得进行基坑开挖。

### 2. 建筑物沉降观测

沉降观测要求,依照《建筑变形测量规程》(JGJ/T 8—97)测量,按 2 级水准精度采用闭合法观测,并做好记录备查,监理单位应随工程进展情况及时向设计等有关单位提供监理情况资料。

沉降观测在浇筑基础时开始,然后每施工一层观测一次;主体工程完成后,在装修期间每个月观测一次;工程竣工后,第一年内每隔 2～3 个月观测一次,以后每隔 4～6 个月观测一次。沉降停测标准可采用连续 2 次半年沉降量不超过 2 mm。对于突然发生严重裂缝或大量沉降等特殊情况则应增加观测次数,沉降观测可采用三等水准测量。

## 三、大体积混凝土施工

大体积混凝土应保温保湿养护,混凝土中心温度与表面温度的差值不应大于 25℃,混凝土表面温度与大气温度的差值不应大于 25℃。

在混凝土中掺加胶凝材料用量 10% 的高效膨胀纤维抗裂防水剂制成补偿收缩混凝土,采用掺膨胀剂的补偿收缩混凝土在水中养护 14 天,混凝土限制膨胀率≥0.03%。

选用水化热较低的水泥,掺加高效缓凝减水剂。

在混凝土中掺加水泥用量 10%～30% 以下的粉煤灰(或与火山灰混合材料)、矿渣粉等活性混合材,对于大梁等养护条件较恶劣的部位应严格控制粉煤灰的含碳量,选用含碳量小于 5% 的粉煤灰。

大体积混凝土结构所用材料须严格控制骨料的规格和质量,控制水灰比,减少混凝土内的缺陷。砂应尽量用中、粗砂,细度模量 2.5～3.0,平均粒径≥0.38 mm,含泥量≤1%。粗骨料应采用连续级配的石子,含泥量≤3%。

控制单方混凝土用水量,严格控制水胶比,一般情况下,混凝土水胶比应小于 0.50。

鉴于膨胀剂与水泥、化学外加剂及掺合料存在适应性问题,通过混凝土试配优选,以确定用何种水泥及外加剂。

混凝土配合比设计除满足设计强度等级和高渗标号外,还应达到《混凝土外加剂应用技术规范》中对补偿收缩混凝土限制膨胀率的规定。

膨胀剂应按国家标准 GB 12573 规定取样,混合后送当地检测单位,按厂家的标准掺量以 JC 467—1998 方法检测到现场的膨胀剂是否合格,合格者才可使用。

膨胀剂应与混凝土其他原材料有序投入搅拌机,膨胀剂重量应按施工配合比投料,重量误差小于±2%,不得少掺或多掺,其拌制时间比普通混凝土延长 30 秒左右。

混凝土应振捣密实,不得漏振、欠振和过振。在混凝土终凝以前,要用人工或机械多次抹压,防止表面伸缩裂缝和塑性裂缝的产生,从而影响外观质量。

掺膨胀剂的混凝土要特别加强保温保湿养护,补偿收缩混凝土浇筑后 1～7 天内应特别加强养护(有条件的应采用蓄水养护),7～14 天仍需湿养护,大梁上部可以采用蓄水养护,立面结构应采用双层饱水木模进行保温保湿养护。模板拆除时间宜不少于 7 天。模板拆除后继续养护至 14 天。

大体积混凝土施工过程中,必须请有资质的单位进行温控测量,温控方案必须提交设计院认可。

**1. 施工注意事项**

在基础施工时应采取可靠措施,防止影响邻近建筑物、构件物、地下设施等,通向室外的管线要采取措施,防止不均匀沉降引起的管线破坏。

基坑底部修整采用人工开挖,挖至基底附近时应预留 150 mm 厚保护层,待准备工作备齐后再挖至设计标高,并立即浇混凝土垫层,确保基底土层不受浸泡和扰动。

基础所有钢筋必须采用焊接连接,焊接位置应设在受力较小的部位,不宜设在梁端。柱底箍筋加密区,焊接位置应互相错开,且满足规范规定的焊接面积百分率要求。焊接前应试焊,合格后方能施工。

地下室基础底板商品混凝土通过施工中设置施工缝来解决混凝土水热化,以控制施工期间的温度等影响。

柱墙的定位以上部结构底层柱墙的定位为准,插筋构造按其详图处理。

**2. 施工技术要求**

(1)基础垫层,可依据土方开挖前后顺序分批分块施工。

(2)地下室底板承台应尽可能一次性全面浇灌,或依据后浇带划分区,按分区一次性浇灌。若因施工需要,承台部分混凝土需先期施工,应制定妥善的施工方案,且应经设计单位同意后方能执行。

(3)地下室墙体外回填土应待本层结构混凝土达到设计强度后方可回填;回填土应用砂质粘土或灰土或中粗砂震动分层夯实,密实度要求≥0.95。严禁采用建筑垃圾土或淤泥土回填。

(4)筏基、(地下室)顶板、底板、墙板采用双层双向配筋时,应设置间距 ≤ 500 mm,呈梅花形排列的连系钢筋或拉结筋。顶板及底板上下层钢筋之间每隔约 1 000 mm 加设骑马凳 $\phi$12 mm(板厚 600 mm);筏板 2 000 mm:1 000 mm×1 000 mm 加设马凳 $\phi$16 mm。

(5)施工时,应配合建筑水、电等安装单位按其施工图预埋套管、预留孔洞和埋设件。

(6)电梯井坑应根据到货电梯安装图核实预留孔洞及埋设件,确认无误后方可施工。

(7)地下室底板施工前应将受扰动土清除干净,然后用砂夹石分层回填夯实,要求换填层的压实系数 $\lambda_c$ ≥ 0.95。

地下室应严格按照有关施工规范要求施工。

# 四、施工阶段特点

**1. 基坑围护施工**

本工程地下室基坑围护体系做法如下:

(1)支护结构

① 南侧:挖深 8.85 m,距东二路较近,采用一排 $\phi$700@1 200 钻孔灌注桩,设一排预应力锚杆,水平间距 1 200 mm,长度 18 m。桩间土喷 C20 混凝土面层,内配 $\phi$6@250 钢筋网片。

桩顶以上 1：0.9 放坡,面层喷 80 mm 厚 C20 混凝土,内配 φ6@250 钢筋网片。

② 东侧:挖深 8.85 m,距纵一路较近,采用一排 φ700@1 200 钻孔灌注桩,设一排预应力锚杆,水平间距 2 400 mm,长度 18 m。桩间土喷 C20 混凝土面层,内配 φ6@250 钢筋网片。

桩顶以上 1：0.9 放坡,面层喷 80 mm 厚 C20 混凝土,内配 φ6@250 钢筋网片。

③ 北侧:挖深 8.60 m,采用自然放坡至土层自身稳定。

④ 西侧:挖深 8.60 m,采用自然放坡至土层自身稳定。

（2）钻孔灌注桩

① 钻孔灌注桩直径为 700 mm,桩长及桩间距详见围护施工图。

② 桩身混凝土强度等级为 C25,坍落度 15～20 cm,钢筋笼采用焊接,主筋混凝土保护层厚度为 35 mm,锚入冠梁内 34 $d$($d$ 为钢筋直径)。

③ 桩位水平偏差不得大于 50 mm,竖向偏差不得大于 0.5%,充盈系数大于 1.10,沉渣厚度小于 200 mm。

④ 排桩宜采用跳打法施工,并应在灌注混凝土 24 小时后进行邻桩成孔施工。

⑤ 混凝土浇筑严格按有关规范及规定执行,桩身不得出现裂缝、缩颈和断桩等现象。

⑥ 本工程围护钻孔灌注桩泛浆高度取 500 mm,凿除泛浆高度后必须保证暴露的桩顶混凝土达到强度设计值,凿桩不得破坏桩身质量。

（3）围护桩顶压顶冠梁的混凝土强度等级为 C25。

（4）预应力锚杆

① 预应力锚杆成孔直径 150 mm,倾角 20°,超挖不大于 0.8 m,注浆压力不小于1.5 MPa,须慢速进行,确保注浆充盈系数≥1.1。锚固端强度大于 15 MPa 并达到时间强度等级的 75%后进行张拉,预加 30 kN 轴力。

② 注浆材料采用纯水泥浆,水泥采用普通硅酸盐水泥,标号不小于 32.5 级,水灰比为 0.5,并根据实际情况添加一定比例的添加剂。注浆压力不小于 0.5 MPa,稳压时间应持续 1 分钟以上以确保充盈度。

③ 预应力锚杆水平间距及长度详见施工图。孔深误差小于 50 mm,孔径误差小于5 mm,孔距误差小于 100 mm。

④ 应按《建筑基坑支护技术规程》(JGJ 120—99)进行预应力锚杆抗拔试验,用于测试锚杆的施工方法及工艺与工程锚杆相同。抗拔试验为非破坏性试验。18 m 长预应力锚杆抗拔力为 200 kN。

（5）桩顶上放坡面板采用 C20 喷射混凝土,厚度为 80 mm,配合比为水泥：砂：石 =1：1.5：2.5。分 2 层施工:喷射第一层混凝土厚度为 30～50 mm,然后绑扎钢筋网片、喷射混凝土第二层至设计厚度。

（6）土方开挖施工

土方开挖前,应根据围护设计方案编制详细的土方开挖施工组织设计,同时根据建设部发布的建浙 2009—87 号文件要求组织论证。

土方开挖应在围护桩、支撑及压顶梁混凝土强度达到要求后进行,宜分块开挖。挖土至底板垫层标高后应立即做垫层处理,严禁开挖面长时间暴露。

挖土过程中要特别注意墙体保护,墙边线附近不得通行机械或超载。挖土过程中,如有异常情况应暂停作业,及时通知有关各方,待处理好后方可开挖。

① 土方应分层分段开挖,以充分发挥基坑的空间效应,减小围护结构的变形。

② 基坑内侧周边同层土钉长度范围内应分层分段开挖,每层开挖深度不得超过待开挖土钉相应标高的 0.5 m。

③ 开挖出作业面后,应立即进行喷锚网支护工作(坑壁暴露时间不得超过 12 小时),严禁上一层土钉未施工完毕就开挖下一层土方。

④ 机械大面积开挖到接近板底标高后,坑底最后 30 cm 土层宜采用人工开挖,余下承台和地梁应采用人工开挖。挖至设计底标高(参考地下室结施图)后立即铺设垫层,要求垫层沿基坑边开始浇捣,并一次浇捣至基坑下坎线。

⑤ 土方开挖后必须外运出去,严禁堆于坑边。

(7) 基坑抽排水

① 在基坑坡顶四周做尺寸为 300 mm×300 mm($B×H$)的明沟以防地表水流入基坑而影响施工。在挖土过程中,可视实际情况在基坑中央临时挖集水坑,排除基坑中明水,施工至基底后,按实际情况在坑底周边布置排水沟,地下水可经沉淀后排入城市管网;基坑底排水沟距离基坑边 4 m 以上。

② 施工期间如遇强降水,应及时将坑内水体排出,防止坑底在雨水浸泡下降低基坑的安全稳定性。

③ 对于地表下土层中的地下水,根据当地的处理经验,应以集水明排为主,可在喷射混凝土面层中设置一定数量的泄水孔,将地下水汇集至坡脚处设置的排水沟以及集水井中,然后抽排出坑外。

## 五、现场监测

**1. 监测内容**

(1) 周围环境的监测:在基坑开挖前,根据现场实际情况,在基坑周边设置观测点,观测坡顶沉降、水平位移和裂缝的产生与开展情况。

(2) 深层位移监测:主要监测基坑开挖过程中支护结构部分及土体部分水平位移随时间的变化情况。

(3) 地下水位监测:主要监测基坑开挖过程中地下水的变化情况。

**2. 监测要求**

(1) 开挖前,应对周围环境做一次全面调查,记录观测数据初始值。基坑开挖期间一般情况下每天观测 1 次,如遇位移、沉降及其变化速率较大时则应增加监测频次。地下室底板浇筑完成后,可酌情逐渐减少观测次数。

(2) 监测数据一般应当天口头提供给监理单位,次日填入规定的表格中提供给建设、监理、施工及设计等相关单位,挖土至坑底时应增加监测次数。

(3) 每天的数据应整理成有关表格并绘制成相关曲线,如位移沿深度的变化曲线、位移及沉降随时间的变化曲线等。

（4）监测记录必须有相应的施工工况描述。

（5）监测人员对监测值的发展和变化应有评述，当接近报警值时应及时通报监理，提请有关部门注意。

（6）工程结束时应有完整的监测报告，报告应包括全部监测项目、监测值全过程的发展和变化情况、相应的工况、监测最终结果及评述。

**3. 监测报警值**

（1）测斜管水平位移：连续 3 天每天的位移都超过 3 mm，或单日位移大于 5 mm，或累计位移达 30 mm。

（2）边坡坡顶沉降警戒值为 20 mm。

（3）土体水位预警值：最大水位变化不大于 0.5 m/天。

（4）支护结构严重开裂变形，有破坏迹象。

当超过报警值时，应及时通知建设、设计、监理、施工等单位，以便采取有效应急措施。

**4. 应急措施**

（1）如果坡顶出现裂缝，应立即停止开挖土方，坑内回填草包，补打木桩，水泥浆灌缝。必要时设置土钉，待边坡稳定后再继续开挖。

（2）遇暴雨等恶劣天气，坡面覆盖雨布，或坡面喷射混凝土，增大速凝剂用量，并及时补充水泵抽排地下水。

（3）现场应准备足够的应急材料，如沙包、雨布、木桩、水泵、钢管、槽钢等。

## 六、其他方面

围护工程极为复杂，影响安全的因素很多，必须确定合适的应急措施以保证安全。施工中按现行国标或地方施工及验收规范中的有关内容执行。施工前需对周边管线及管线的位置、埋深进行确认。

## 七、结构施工阶段

结构施工阶段主要分为结构层施工阶段和结顶层施工阶段。主楼标准层由于各层结构相同，可采用较先进的施工方法，且随着施工熟练程度逐渐提高，施工速度可加快。结顶部分与标准层相比较，由于面积和空间的变化，模板采用散装散拆，施工速度较慢。在施工过程中，特别要控制模板、混凝土的施工质量，确保模板接缝密实，有足够的强度和刚度，保证不变形、不炸模。混凝土必须分层浇捣，控制合适的振捣时间，使混凝土振捣密实，不漏振，不离析，保证混凝土施工质量，以确保优质结构目标的实现。

## 八、装饰和安装阶段

为缩短施工总工期，本工程装饰和安装施工与结构搭接进行，安排进展到 10 层后开始装饰及安装施工。由于分项工程多，一个分项工程中的各个工序之间均须按一定的施工顺序进行,虽然许多楼层的工作面可组织立体交叉作业,但本阶段的总施工工期仍然最长。

装饰阶段施工过程中,特别要注意墙面粉刷表面平整光洁,阴阳角垂直,不起壳,不空鼓,不开裂,确保其牢固,色泽均匀,使整个工程显得美观大方,要特别重视公共部分和外墙面层装饰质量,使人们感觉舒适,得到美感。

楼梯间等公共场所的施工质量尤其要重视,应注意楼梯间墙面、踏步、扶手及各个装饰线角的处理。踏步齿角位置埋设 L 形铜条,保护齿角。踏步下口确保顺直、美观。楼梯墙面与踢脚线交接处预埋铝合金凹槽应做到分色处理,以提高整个细部的观感质量。

油漆须严格按规范规定的工艺顺序操作,不能偷减工序。应做到大面光滑、光亮,无流坠透底和漏刷等现象。不同颜色的分色收头避免在阴阳角处,保证分色清晰、顺直。

## 九、大型机械的配备

在结构施工阶段,塔式起重机、人货两用梯等,由于结构施工的速度、装饰安装阶段的施工进度与材料的垂直运输速度相关,因此需严格按审定的组织设计进行施工。

本工程安排结构分段施工,故而在施工中不仅要解决多个作业班组、各个施工班组在同一幢号内不同部位协同施工的问题,还需解决材料、劳动力、设备等统一协调工作。为此,要建立工程项目管理制度,要编制能反映工序间逻辑关系的进度计划,对有关生产、技术、质量、安全等各项工作实行项目经理负责制,优化组织机构,实行动态管理。

注重总平面管理,要使多个工种能同时进场作业,必须合理安排和划分各施工班组以及堆放材料的场所和临时设施的布置,保证工作面有条不紊地展开。认真做好各方面的对外协调工作,取得各有关部门和单位的配合,确保工程顺利进行。

# ［第二章］
# 施工组织方案及实施

## 第一节　施工组织设计

### 一、施工组织能力

施工组织主要从确定项目人员组织机构和项目管理班子出发,在施工项目目标建立的基础上,针对工程实施中的主要环节如质量、安全、工期、文明施工、环境保护等进行总体部署,最终保证本工程顺利完成。

### 二、项目管理层的组织与选派

本工程的特点和重要意义决定了管理人员的配备必须全面且具有较高的专业素质,本项目部曾多次承建与本工程类似的建筑,在钢筋混凝土结构、大型公共建筑工程等常规、特殊工艺施工上都积累了丰富的经验,在施工管理、协调控制能力上有很大的优势。而在施工管理人员组织上更是有广泛的选择,在组建本工程项目管理班子时,本项目部将选派曾施工过类似工程结构形式的具有丰富施工经验的项目管理班子进驻,直接参与本工程的建设和管理。

本工程管理结构见图2-1。在项目领导班子的配备上将严格按项目法组织,执行全面责任承包制,在部门设置上将配齐从开工至交工所有的职能人员,以确保整个工程在施工全过程中具有连贯性,从而为全面管理、全面协调、全面控制创造有利条件。

### 三、质量人员配备和监督管理

根据拟定的本工程质量目标,在工程实施中必须加强质量监管力度,同时在现场配备具有较高专业素质的质量专管人员,从而在理论和实际操作两个方面都占据较强的质量优势,为质量总目标的实现打好基础。

## 第二节　关键施工技术与创新

本章节着重对建筑平面测量、高程控制、桩基工程、地下室和上部结构、装饰施工等分部分项工程施工方案进行具体阐述。

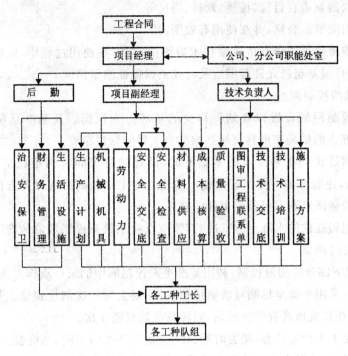

图 2-1　项目管理结构网络图

# 一、工程施工测量

## 1．概述

本工程占地面积较大,地下室 2 层,基础较深,楼层较高,因此,提高平面和高程测量精度是本工程测量的重中之重。

## 2．工程测量总体设计

（1）平面测量

① 本工程的地下部分将采用"坐标定位"的方法进行轴线控制。

② 地上部分采用内控法测量平面,附以经纬仪进行校核。

（2）高程测量

高程测量采用往返精密水准测量,具体做法主要如下:

① 地下部分场外设置闭合基准点向下传递。

② 地上部分每幢楼设置 2 个基准点用于校核。

（3）测量仪器的选用

① JD2 经纬仪 2″。

② SOKKIA SET2C 全站仪 ±(3+2PPM×D)mm。

③ SOKKIA BI 精密水准仪 ±0.8 mm/km。

④ S3 普通水准仪 ±3 mm/km。

⑤ 50 m、30 m 钢卷尺。

其他辅助仪器如垂直目镜、棱镜、光标、塔尺等。

以上仪器均应鉴定合格,并在使用有效期内。

工程开工前将仪器送诸暨市质量技术检测院检测,在使用过程中,应经常检查仪器的常用指标,一旦偏差超过允许范围应及时校正以保证测量精度。

(4)平面轴线控制测量

基准平面控制网的设置以规划局移交的基准点为依据。其基准点精度应控制在2 mm以内,基准点的精确密度将直接影响整个工程的测量精度。

基准控制网是建立在基准点的基础上的,设置时要求同时满足稳定、可靠和通视3个要素。同时,还需附加一些保证措施。如建立一个控制副网或设置方位汇交点等方法来防止基准控制网遭到不可预见事件的破坏。

标高以规划局提供的水准点为基准,其数值以业主最新提供数值为准。施工高程应根据最新数据及时调整。

±0.000以下部分的测量控制:利用基准平面控制网中的某一点作为测站(满足通视和方便的要求),采用平面坐标测量法测量轴线,原则上应一次测量到位。若由于基坑较深影响通视,可在基坑边设置临时转站,但转站次数只能1次。

由于基坑处于不稳定状态,随着时间、环境、施工进度的不同,基坑会产生变形移位,所以12小时后该转站即废止。若再次使用必须重新测量其数值。

轴线坐标控制点投测完毕后,互相之间进行校核。同时可检查偏差情况,以便及时纠正。

(5)垂直度控制测量

① 主体垂直测量控制点设置

在±0.000处建立主体垂直基准控制点,在相应塔楼屋面处建立各塔楼垂直基准控制点,以此基准控制点进行主体的垂直控制测量。在该基准控制点的楼板上留出150 mm×150 mm的通视孔并设置盖板,测量时打开,结束后关闭,以防坠物伤人。

为防止高层坠物对工作人员及仪器的伤害,应在控制基准点上方搭设防护装置,并在铅垂线经过处留有直径150 mm的孔且保证通视。

② 主体垂直测量的主要方法

上部结构的轴线控制测量采用天顶法原理测定主体控制轴线基准点,在每个施工层开洞150 mm×150 mm,留出通视孔,在±0.000处架设经纬仪配合90°弯管向上垂直投影至施工面。

作为上部轴线控制点,各组控制点以"□"形设置,为防止产生平行四边形偏差出现,需再测量对角线距离以保证控制点位置准确。

对投放在施工面的基准点检测无误后,按其与轴线间的方向、数值关系,依次投放施工层其他轴线位置,便于施工人员定位梁、柱、墙。

为防止高层坠物对测量人员及仪器的伤害,应在控制基准点上方搭设防护装置。

由于混凝土的收缩徐变,会使基准控制点之间产生相对位移,相互之间距离会缩短,因此要定期校核纠正。

本项目部采用的测量方法,无论从仪器还是外界环境等因素考虑均应满足一次投放的要求,保证规范要求之精度,故控制点不做二次转移。

(6) 高程控制测量

① 基准水准点的建立

根据规划局提供的城市等级水准点,采用往返水准或闭合水准测量。用精密水准仪引测施工基准水准点。

施工基准水准点应布置在受施工环境影响小且不易遭到破坏的地方。

考虑季节的变化和环境的影响,应定期对基准水准点进行复测。

② ±0.000 以下部分的高程测量

以基准水准控制点为依据,用精密水准仪采用往返水准测量的方法,将高程引测至基坑边的临时水准点处。

在基坑边寻找一个可垂直传递高程处,搭设一固定支架,将钢尺一端固定在支架挂钩上用重锤锤吊而下。

采用 2 台水准仪一上一下同时测量。上面的一台水准仪将临时水准点的高程传递至钢尺上,下面的一台水准仪将钢尺上的高程传递至施工层上。

③ ±0.000 以上部分的高程测量

以基准水准点为依据,用精密水准仪采用往返水准测量的方法将高程引测至主楼埋设的水准点上。

随着时间的推移与建筑物的不断升高,自重荷载不断增加,建筑物会产生沉降,因此要定期检测施工水准点的高程修正值以便及时进行修正。

用全站仪测量出仪器的高程,然后垂直向上引测至高程接收平台。

用水准仪将接到平台上的高程传递至各施工部位。

(7) 楼层结构层高程测量

用全站仪测量出仪器的高程,然后垂直向上引测至高程接收平台。

用水准仪将接收平台上的高程传递至内筒体的测面作为层高控制的标准。

(8) 施工沉降测量

根据设计图纸要求设置沉降观测点进行沉降观测,用精密水准仪采用往返水准方法测量相对标高得出沉降量,提交有关部门作为施工控制的参考。

在结构施工的同时设置沉降观测点并做好保护措施,具体设置位置见设计图纸中所示。

沉降观测点,今后根据设计要求在规定的位置进行设置并做好保护措施。在一层结构的柱侧模拆除后即进行沉降观测点的设置,并用精密水准仪采用往返水准以不小于 3 次的测量来定其初值。

结构施工阶段每施工一层即观测一次,结构封顶以后每月测量其沉降量 1 次,并做好记录。

**3. 测量精度主要保证措施**

经纬仪工作状态应满足竖盘竖直,水平度盘水平;望远镜上下转动时,视准轴形成的视准面必须是一个竖直平面。

水准仪工作状态应满足水准管轴平行于视准轴。

使用钢尺操作前应进行钢尺鉴定误差、温度测定误差的修正,并消除定线误差、钢尺倾斜误差、拉力不均匀误差、钢尺对准误差、读数误差等等。

测角:采用三测回,测角中误差±10 s。

测距:采用往返测法,取平均值。

每层轴线之间的偏差在±2 mm,层高垂直偏差在±2 mm,主楼总高度垂直偏差在±2 cm。

所有测量计算值均应立表,并应有计算人、复核人签字。

使用全站仪,应进行加常数、乘常数、温差修改值的修正。

在仪器操作上,测站与后视方向应用控制网点,避免转站而造成积累误差。

在定点测量,应避免垂直角大于45°。

对易产生位移的控制点,使用前应进行校核。在3个月内,必须对控制点进行校核,避免因季节变化而引起的误差。

严格按照操作规程进行现场测量定位的放样。

## 二、钻孔灌注桩

### 1. 钻孔桩施工工艺

根据工程地质情况、荷载要求,施工具体准备工作如下:

(1) 会同业主、设计单位、工程监理单位对施工图纸进行会审并进行设计技术、安全交底。对本工程有关数据、资料、内容和要求情况做到心中有数。

(2) 交接定位点和水准点,放出建筑物轴线,定出轴线控制点,引设水准点,并埋设牢固,加以保护,往返测读,应满足工程测量允许闭合差要求。在此基础上测设桩位点,经自检后交项目技术负责人或工程监理办好验收签证手续后方可使用。

(3) 做好材料进场设备检查,进场钢筋的级别和直径必须符合设计要求,有出厂质保书并经试验室试验合格,砂、石规格符合要求。

### 2. 成孔工艺

(1) 桩位放样

根据建设单位提供的测量基准点和基线进行复测,再据此测出桩位中心,打入定位桩。

(2) 埋设护筒

① 以桩位中心为基准,埋设十字交叉桩。

② 挖护筒,挖到下部土层后,钎探证实无地下障碍物即可。

③ 将护筒放到坑内,拉十字线,调整护筒位置,使护筒中心与十字线交点重合,再在护筒四周填粘土夯实。

④ 复核桩位,插上钢筋。

(3) 钻孔就位

移动钻孔,使转盘中心与桩位中心重合,再找平垫实,使机座周正水平。

（4）钻进成孔

① 钻具连接：提引水笼头→主动钻杆→加重杆→钻头。

② 钻进技术参数

A. 压力：钻具自重。

B. 转数：40 rpm、70 rpm、128 rpm。

C. 泵量：108 m³/min。

（5）泥浆循环系统

泥浆池→泥浆泵→胶管→钻杆→孔底→孔口→立式涡流浆泵→沉淀池→泥浆池

泥浆性能：粘度 18～20 Pa·s，比重量 1.10～1.20，含砂量小于 5%，胶体率大于 95%。

一次清孔：钻到设计孔深后，将钻具略微提起慢速回转，大泵量冲孔 30 分钟，然后停泵测量孔深，测到终孔孔深才能提钻。

## 三、成桩工艺

**1. 下钢筋笼**

（1）按设计要求制作钢筋笼。

（2）吊起钢筋笼，调直，轻放、慢放下入孔内，孔口焊接钢筋笼和吊筋，将钢筋笼固定在孔口。

**2. 下导管**

按设计长度连接导管，吊起后缓慢下入孔内。

**3. 二次清孔**

接好清孔帽，下入风管，开泵进风清孔，直到孔底沉渣达到规范要求为止。

**4. 灌注混凝土**

（1）清孔后立即接好储料斗，将隔水塞下到导管内水面处并固定之。

（2）混凝土配合比根据设计的质量要求和材料规格，通过试验确定。

（3）指挥混凝土运输车将出料斗对准储料斗出料，待储料斗装满后，混凝土由隔水塞前导，流入孔内，埋住导管底部。

（4）灌注混凝土时，导管底部埋入混凝土面 1.5～6.5 m。

（5）灌注结束后清洗导管、料斗、储料斗和机具。

（6）拔出炉筒，回填桩孔。

## 四、技术措施

**1. 成孔质量保证措施**

（1）桩位定位质量保证措施

根据建设单位提供的测量准点和测量基线放样定位，经监理工程师复核认可后才能交付使用。

采用 3 次定位校正措施。第一次放样定出孔位中心,并用"十字交叉法"确定简坑的挖掘位置。第二次校正护筒位置,打入定位钢筋,请监理工程师复核。第三次钻机就位后,使用垂锤校正使转盘中心与孔位中心重合。

（2）钻孔垂直度保证措施

① 钻机的基础必须稳固,钻机安装必须周正水平,开车、转盘中心和桩位三点应成一垂线。

② 钻头上部接加重杆或扶正器,使钻头工作平稳。

③ 根据地层情况合理设计钻头,使各切削刃受力均匀。

④ 钻进时主动钻杆应有导正装置防斜。

⑤ 开孔和换层钻进,采取轻压慢转措施。

⑥ 经常检查钻杆,发现弯曲立即更换。

⑦ 发现钻孔偏斜后应重新成孔,纠直后才可继续钻进。

（3）桩径和桩形保证措施

① 埋设护筒时,护筒四周应用粘土夯实,防止护筒底部向周边漏水而造成泥浆水头下降,进而引起坍孔。

② 采用优质泥浆护壁,防止缩径和坍孔。当原土造浆达不到护壁要求时,可酌情使用化学处理剂改善泥浆性能。

③ 根据不同地层的可钻性和护壁特点选择合理的钻进技术和相应的操作技术。如开孔轻压慢转,小泵钻进;粉质粘土、粘质粉土、砂质粉土、粘土,大泵量、高转数钻进,适当控制钻速;淤泥质、粉质粘土,中泵量、中速钻进;含卵石砾砂,大泵量、低速钻进,及时去除砂砾;全、强、中、微风化砂砾岩,大泵量、低速钻进,终孔前陆续稀释泥浆,为清孔创造条件。

④ 经常检查钻头,发现腰箍磨损或切削崩落应及时修复,以防桩径偏小而影响承载力。

（4）进入持力层保证措施

① 施工前根据地质资料作出持力层等高线图,以此作为各桩孔的深度设计依据,指导施工。

② 在地质工况复杂的钻孔部位,选择一根桩作为工艺性试桩,详细记录桩孔进入持力层的钻进速度,供其他桩孔钻进同样层位时的钻速提供参考。

③ 选派有经验的钻工进入持力层操作,以保证钻进技术措施能不折不扣地得以实施,并能通过钻机的跳动、声音、泥浆颜色、岩样等判断是否进入持力层。

④ 当钻孔层深度与设计孔相符,即可确认桩尖进入持力层。

⑤ 钻头进入微风化砂砾岩时立即取岩样,终孔时再取一个样,每根桩的岩样编号保存备查。

**2. 成桩质量保证措施**

（1）清孔质量保证措施

钻进到设计孔深后钻具在原位慢速回转,大泵量冲孔,换浆排渣,为第二次清孔创造条件。二次清孔,以导管为排渣管,使用泥浆或空气压缩机进行正循环或气举反循环清孔,可以保证孔底沉渣达到规程要求。

(2)钢筋笼质量保证措施

① 进场钢筋规格、型号必须符合设计要求,钢材进场时必须有出厂合格证,并由试验室进行力学焊接试验合格后方可制作钢筋笼。

② 砂子采用含泥率小于 1% 的粗砂,石子采用含泥率小于 2% 的碎石,其强度和其他力学指标必须符合 JGJ 53—79 普通混凝土碎石质量标准要求。

③ 混凝土级配必须由试验室提供,现场按砂石含水率调整,混凝土坍落度控制在3~5 cm,严格控制计量及搅拌时间,确保混凝土成品质量。

④ 钢筋笼制作严格按设计要求和标准图集,经甲方和监理检验,合格后方可使用。为了减小或阻止变形,在钢筋笼上每隔 2.0~2.5 m 设置加强箍筋 1 道,并在钢筋笼内每隔 3~4 m 装一个可拆卸的十字形临时加劲架,在吊放入孔时拆除。钢筋笼过长时,可根据现场吊机能力将其分段制作,吊放钢筋笼入孔时再分段焊接。

⑤ 在钢筋笼周围主筋上每隔一定距离设置混凝土垫块,其厚度根据设计图中保护层的厚度而定。

⑥ 吊置钢筋入孔时,应保持垂直并缓慢放入,防止碰撞孔壁,并在放入后采取措施固定其位置。吊放入孔前,检查钢筋笼是否变形,发现有变形的应修理后再使用。

⑦ 进场钢筋规格、型号必须符合设计要求,钢材进场时必须有出厂合格证,并由试验室进行力学焊接试验合格后方可制作钢筋笼。

⑧ 桩浇捣用商品混凝土,等级为 C25,坍落度 15~20 cm,桩位水平偏差不得大于50 mm,竖向偏差不得大于 0.5%,充盈系数大于 1.10,沉渣厚度小于 200 mm,并应在浇灌混凝土 24 小时后进行邻桩成孔施工。

(3)混凝土质量保证措施(商品混凝土)

① 混凝土设备的选用:本工程是采用预拌混凝土,故现场没有混凝土搅拌设备,现场常用机械配备混凝土输送泵、布料杆、机动翻斗车、插入式振捣器、平板振捣器、混凝土吊斗、尖锹、平锹、刮杠、木抹子若干等。

② 商品混凝土运输

A. 混凝土搅拌车数量应根据运距和浇筑速度合理配置,以满足混凝土浇筑,且通过计算确定每次浇筑混凝土所需配备的运输车台数,确保现场混凝土浇筑连续进行,避免在施工过程中出现不必要的施工缝。

B. 混凝土运输罐车到达率必须保证每台地泵至少有 1 台罐车等待浇筑,现场与搅拌站保持密切联系,随时根据浇筑进度及道路情况调整车辆密度,并设专人管理指挥,以免车辆相互拥挤阻塞。

③ 混凝土灌注:边灌混凝土边适量提导管,灌注时勤测混凝土顶面上升高度,随时掌握导管埋入深度,避免导管埋入过深或导管提升太快而脱离混凝土面。注意导管底始终埋于混凝土中 1 m 左右,并随灌入量的增加而慢慢拔起导管。混凝土上部表面层杂物多,应凿除处理。为此,浇灌的混凝土顶面应超高约 50 cm。

（4）桩身质量保证措施

① 导管离孔距离不大于 0.5 m。

② 混凝土初灌量应保证导管底部能埋入混凝土表面 0.8 m 以上。

③ 混凝土灌注应紧凑、连续不断地进行，及时测量孔内混凝土面高度，以指导导管的提升和拆除。

④ 为保证桩顶质量，混凝土超灌高度应不小于 1.5 m。

## 五、事故和特殊情况的应急防治措施

### 1. 钻具脱扣、折断的预防和处理

（1）施工前必须对钻杆、钻头进行检查，发现钻杆直径变小或接头的螺纹损坏应及时更换，防患于未然。

（2）开钻或加杆后重新钻进时应将钻具略微提起启动，防止钻具回转而扭断钻杆或脱扣。

（3）一旦发现断杆或脱扣，应记下钻杆在孔内的具体位置，然后根据具体情况采取捞、钩、套等方法处理。

### 2. 堵管埋体预防和处理

（1）使用的导管和料斗必须确保其连接部位和焊缝的密封性。

（2）隔水塞的直径要和导管的内径相匹配，隔水塞的安放位置要正确，剪塞后，隔水塞能从管内顺利排出。

（3）混凝土的碎石粒径一般不大于导管内径的 1/6，碎石的最大粒径不宜大于 50 mm；混凝土拌制质量必须满足施工要求，拌制混凝土前先拌制 0.2～0.3 m³ 水泥砂浆，倒入料斗填底，以防碎石阻卡隔水塞而造成堵管。

（4）灌混凝土时，混凝土不宜猛烈倒入料斗，以防在导管内形成气栓而造成堵管。亦可在料斗内安装管子引气。

出现堵管，采用长杆冲捣、上下窜动导管或在导管上安装震动器，迫使混凝土或隔水塞下落。

如果上述方法处理无效，应立即提出导管进行清洗，视孔内混凝土情况重新灌注或接桩处理。

隔水塞堵塞导管时，可采用提管将孔底的混凝土清除，重新下隔水塞灌混凝土。

孔内混凝土面尚未初凝时尽快清洗导管，重新下导管到混凝土面上开泵冲洗浮浆后再下隔水塞灌注。隔水塞冲出导管底部后，尽可能将导管下插到原先灌注的混凝土内，原位上下窜动导管，使混凝土混合、密实，然后继续灌混凝土。

当孔内混凝土已初凝时，下入比钢筋笼直径稍小的钻头钻进到新鲜混凝土面，重新清孔，再灌注混凝土。

工程桩测试应根据随机抽样的方法决定，测试待混凝土强度达到设计强度 100% 后进行。

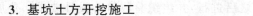

**3. 基坑土方开挖施工**

土方开挖前,应根据围护设计方案编制详细的土方开挖施工组织设计,同时根据建设部发布的建浙 2009—87 号文件要求组织专家论证。

地下室基坑围护施工方案专家论证如下:

① 钻孔灌注支护桩检测合格后,基坑开挖。

② 支护桩顶预应力锚杆取消预加力及自由段改为锚固段。

③ 按图布置土体位移、沉降、水位监测孔。

④ 基坑四周不得超载。

⑤ 建议基坑内增设深井降水。

⑥ 建议增加暴雨季节抽水专项预案。

⑦ 基坑开挖过程中若遇砂层须另行处理,不得超挖。

土方开挖应在围护桩及压顶梁混凝土强度达到要求后进行,宜分块开挖。挖土至底板垫层标高后应立即做垫层处理,严禁开挖面长时间暴露。

挖土过程中要特别注意墙体保护,墙边线附近不得通行机械或超载。挖土过程中不能碰撞和挤压工程桩,以保证工程桩和围护桩的稳定。

基坑施工排水主要解决现场及外围雨水的排除,对现场做好临时排水系统工程,其中包括阻止场外的水流入施工现场和基础现场的水排出现场两部分,应根据当地历年最大降雨量和降雨季节,结合施工地形和施工情况全盘考虑。

(1) 现场监测内容

① 周围环境的监测:在基坑开挖前,根据现场实际情况,在基坑周边设置观测点,观测坡顶沉降、水平位移和裂缝的产生与开展情况。

② 深层位移监测:主要监测基坑开挖过程中支护结构部分及其后土体随深度的水平位移和随时间的变化情况。

③ 地下水位监测:主要监测基坑开挖过程中地下水的变化情况。

(2) 现场监测要求

① 基坑开挖前必须做出系统监测方案,包括监测项目、监测方法及精度要求、监测点的布置、观测周期、监测时间、工序管理和记录制度、报警值标准及信息反馈系统。

② 应以获得定量数据的专门仪器测量或专用测试元件监测为主,以现场目测检查为辅。

③ 观测点的布置应满足监测要求。一般从基坑边缘向外 2 倍开挖深度范围内的建(构)筑物均为监测对象,3 倍坑身范围内的重要建(构)筑物应列入监测范围。

**4. 地下室总体施工技术**

地下室施工顺序:土方修正→凿桩头→桩动测→混凝土垫层→防水→保护层→弹线→钢筋绑扎→支模→底板钢筋混凝土浇捣→地下室墙板支模→柱、墙、梯钢筋绑扎→地下室顶板混凝土施工→防水。

凿桩头:为防止桩头部分与上部基础接触不好,需要将桩头部分混凝土凿除,钢筋进行梳理,保证二次浇筑混凝土时上下成为一体,保证施工质量。

垫层：混凝土垫层施工在桩施工完成之后进行，并组织验收符合设计要求。垫层施工时基槽内不得有积水，垫层混凝土浇捣采用商品混凝土，并采用平板振动器振实，二次抹压密实。

轴线弹线：工程施工前首先对本工程主要轴线放线，并引测到本工程以外，两个方向引测，确保工程轴线尺寸形成井字形封闭。垫层面弹线、轴线尺寸弹线符合设计要求，并控制好基础边线，为钢筋绑扎、底板支模提供依据，及时校正纵横两轴线闭合差，确保结构施工尺寸正确。

基础钢筋绑扎：本工程设计地下室底板采用双层钢筋，内有排水沟，钢筋总量较大，为了加快基础施工进度，要及时做好基础钢筋制作与绑扎工作。

基础钢筋采取现场加工制作，配备全套钢筋加工机械，并安排专职人员进行从钢筋进场验收、放样试验、制作加工、连接放样试验、成品挂牌分类堆放核查及整个钢筋制作加工过程的管理，以确保钢筋制作加工质量。钢筋加工过程中，梁、柱钢筋均采用机械连接，地下室底板、顶板钢筋采用液压气焊。成批连接、气焊前应由专职人员对试件进行检验，合格后方可大面积施工，以确保结构内在质量。

钢筋绑扎顺序与方法：根据本工程特点，在原有轴线弹线基础上，对所有柱子边线、轴线、墙板中心线、边线弹线，并用红漆做好标记，为钢筋绑扎后，控制和复核柱及墙轴线创造条件。

完成以上准备工作后方可进行底板钢筋铺设与绑扎。钢筋铺设由西向东，先南后北，这样便于与基础其他施工工序交叉进行，并边铺边绑扎，做到纵横成线。

底板上下皮钢筋按设计要求位置进行绑扎，且在整个底板区域设置排架式支架，有利于上排钢筋高度控制并保证结构尺寸正确，以确保整体钢筋网片符合结构设计受力高度要求。

上网片基本完成后，标明柱子轴线及墙板轴线后方可对竖向结构构件柱、墙进行绑扎。

## 5. 地下室钢筋施工技术

钢筋底板接头均采用液压气焊，做到能长则长，尽可能减少接头，并且能满足设计要求，确保接头位置、数量在规范允许范围内。

基础钢筋运输采用塔吊搬运。

在地下室底板中，钢筋规格比较大，尤其要注意保护垫块需事先制作，且承力面要大。对于支撑上部网片支架，采用钢筋焊成支架，并能确保双向受力，设置剪刀撑，以防双层网片发生倾覆，支撑间距控制在 1 m 左右。

基础钢筋绑扎时，采取制作与绑扎两组人员密切配合，人员控制在约 30 人/组，以便为基础钢筋的早日绑扎完成创造条件。

对于钢筋绑扎尺寸、轴线，基础阶段尤其要重视复核工程，按基底弹线要求，经常对轴线尺寸复核，以便保证柱子、墙、轴线尺寸正确。

基础模板施工：支模时，根据图纸尺寸认真复核，确保各部位形状、尺寸和相互位置正确，并具有足够的刚度和稳定性。支模时先立支架，必须确保牢固、稳定，同时对其他组合木模部位采用类似方法用支架固定牢固,确保混凝土施工时不变形,以防轴线位移。基础上部返高部位钢筋混凝土及钢板止水带,施工前,焊单侧短钢筋作为上部模板临时支墩(不设统长钢筋,以防墙板渗水),间距为1 000 mm左右,便于立模,再每间隔1 000 mm设置φ10螺栓,并在中间设置40 mm×40 mm×4 mm止水片,作为固定上部侧模施工。钢板止水带按设计构造要求先焊接固定,接头保证具有设计要求的搭接长度,双面焊接前检查合格后方可支两侧挂板。

地下室支模共分3次,第一次支地下底板侧模、承台砖胎模和墙板翻口模,第二次支墙板、柱模和搭设支模架,第三次铺顶板模。翻口模要符合设计对水平施工缝的高度要求。墙板和柱模施工前将施工缝处理干净,以防止出现夹渣、烂根。

模板拆除施工:模板的拆除须掌握时机,使混凝土达到一定的强度,一般墙、柱及梁侧模板在混凝土强度大于100 N/cm²,楼梯模板要等混凝土强度达到设计强度的80%方可拆模,梁底模要达到设计要求的100%后方可拆模,悬挑结构的底模要等混凝土强度达到100%设计强度后方可拆模。满足拆模强度后及时拆除,有利于模板的周转和加快施工进度。

拆模程序:后支的先拆除,先支的后拆除。拆模时不要过急过猛,拆下来的模板、钢管要及时运走。

现场拆除梁板底模时须传递下来,不得随意抛掷,拆下的模板随即清理干净,并将板面涂油,按规格分类堆放整齐,以便周转。

### 6. 基础底板混凝土施工

基础底板混凝土浇捣中,水泥水化热的大量积聚,使混凝土在升降温度过程中易产生伸缩裂缝,降低防水效果,影响使用功能。为了避免出现温差,引起收缩裂缝,混凝土搅拌时采用膨胀纤维抗裂防水剂。

为确保基础底板混凝土施工质量配合比技术要求,必须优化配合比设计:采用微膨胀纤维抗裂防水剂,并掺减水剂和缓凝剂,在实验室进行室内预配并试验,推迟初凝时间,采取以上措施减少水化热集中高峰,降低混凝土的早期强度。具体配合比由试验室试配后确定。

大体积混凝土施工组织,基础混凝土施工是本工程施工质量保证的关键,因而施工作业时配备2组人员,以12小时轮班作业,并按相应岗位配足劳动力,尤其要加强对现场作业人员的操作控制,做到现场管理人员24小时跟班作业,以确保混凝土施工质量。

基础底板混凝土施工注意事项:基础施工时首先保证供电、供水正常,并且所有到场的机、电设备均有专业人员试车,并确认能正常运转,配备必要的后备设备。

基础底板混凝土作业前对全体人员交底,做好动员准备工作,并明确有关责任。首先与物资供应部门进行联系,确保混凝土砂石料及水泥连续供应,做好基础底板混凝土施工期间材料供应工作。按预计浇捣时间、周期列入明细表,做好组织落实工作,把好原材料复测关,提供详细的质保资料。

组织劳动力,安排管理人员,12小时轮班作业,严密组织,精心安排,以保证本工程能够顺利实施。

混凝土浇捣过程中做到统一指挥,按总体施工方案布置要求作业,步调一致,推进速度应保证同步,以正确控制浇捣方法符合施工组织设计要求,防止出现施工缝。

基础底板混凝土表面要求分 2 次抹平、抹光,第二次在收水前抹光,以保证混凝土收水时不出现表面裂缝。

基础底板钢筋混凝土保养:基础大体积混凝土保养尤其重要,是控制基础,防止出现结构裂缝的关键。本工程地下室外侧采用砖墙代替模板,以减少混凝土内外温差,做好保护层的覆盖散热工作,控制内外温差小于 25 ℃,养护时间不少于 14 天,并结合控温措施实施。

**7. 地下室竖向结构施工**

本工程地下室底板完成后,重点是地下室外墙板施工及竖向结构施工,它是本工程结构施工,同时又是防水施工须引起高度重视的部位。在进行钢筋模板混凝土工程施工前,首先对本工程轴线尺寸进行全面复核,为上部施工创造良好条件,同时建立轴线引测,做到轴线整体测量闭合,偏差小于规范允许值。

(1)地下室墙板、柱钢筋绑扎施工

① 把好原材料关,对所有钢筋材料、规格、型号等供应要符合设计和规范要求,加强对原材料的复检工作,做到复检合格后方可使用。

② 本工程钢筋制作,均配制成套钢筋加工机械,做到钢筋水平制作接头均采用闪光对焊,具体制作前先翻样,再制作,以利于精确控制制作尺寸。钢筋现场绑扎时,对于竖向钢筋设计按抗震要求进行竖向焊接,这样有利于加快工程进度。

(2)钢筋的柱、墙板具体绑扎

绑扎前结合支模架搭设操作架及柱、墙绑扎临时固定架,为保证柱、墙板钢筋绑扎成型后位置正确,绑扎前先单侧扣除保护层,搭设绑扎靠架或对外墙板先立内侧墙板侧模并校正后方可进行墙、柱钢筋绑扎,以防由于配筋过大,柱及整体墙垂直度偏差后无法保证支模轴线尺寸正确。钢筋绑扎要符合设计规范规定的标准,确保绑扎过程中钢筋的搭接、锚固以及接头位置符合设计和规范要求,并做好自检工作,及时组织项目管理人员,会同业主、监理、质检人员做好钢筋隐蔽工程验收工作。

(3)地下室柱、墙板、顶板支模

地下室模板工程支模是本工程质量好坏的基础,针对本工程特点,柱子断面较大,墙板,尤其包墙板是自防水混凝土,施工时尤其要引起重视,内侧支模施工应按顶部有梁板尺寸,梁位置在基础面弹线后方可搭设,且有利于保证施工操作。

(4)地下室支模架搭设

采用 φ48 钢管架搭设,基础底板施工完成后弹出有梁板的梁中心线后方可搭设支模架,间距取 1.2 m,搭设满堂架。满堂架搭设时纵横成线,设置足够的剪刀撑,以防由于侧向力引起整体架子变形。对本工程框架梁和荷载较大区域增加立杆,保证能承受结构荷载及施工。

(5)模板材料选用及支模方法

地下室墙、柱及框架梁、板等均采用标准夹板配以少量木模封头。

地下室内外墙板采用木模板施工,施工前先立内侧模板并进行校正,在钢筋工程完成,由业主、监理、质检人员验收符合设计要求后,方可进行外侧墙板模板施工,这样有利于结构施工尺寸正确,确保施工质量。同时,对墙板均采用φ12螺栓焊止水片,作为内外墙板拉结使用,间距控制纵横500 mm左右,以保证螺栓受模板侧压力在允许范围内,防止模板变形。

外墙板外侧垫小木块,混凝土浇捣完成拆模后凿去小木块,切除拉结螺栓,再用防水砂浆封闭处理。

对于柱子支模,由于柱子尺寸比较大,采用10♯槽钢平放打箍,间距在600 mm左右,确保支模在混凝土浇捣时不变形,对所有阴、阳角均采用角模,以确保支模质量,同时严格加以校正复核。

固定模板用的螺栓必须穿过混凝土结构时,可采用下列止水措施:① 在螺栓或套管上加焊止水环,止水环必须满焊(图2-2);② 螺栓加堵头(图2-3)。

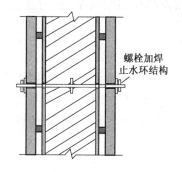 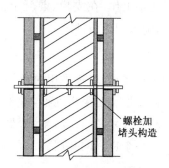

图2-2　螺栓加焊止水环　　　　图2-3　螺栓加堵头

(6)顶板支模及钢筋工程

顶板支模控制梁中心线,支模时接缝严密并固定牢固,对大于400 mm高的梁均采用3 cm宽拉结片以控制模板变形。模板缝隙采用胶带纸粘合,以防板缝漏浆。在施工过程中加强对钢筋工种、安装工种配合工作,以确保结构支模质量。

地下室顶板钢筋工程施工时严把原材料关,按规范要求对进场的所有钢筋复检,钢筋制作现场先翻样,再下料,所有规格大于φ16的钢筋接头均采用闪光对焊,制作按设计及规范弯折、下料,并确保钢筋搭接长度与锚固长度符合设计要求,钢筋绑扎注意型号、位置、尺寸;注意水平钢筋与竖向钢筋交接处核心区域设置,对设计要求加密箍以及进入剪力墙区域的梁板钢筋均满足设计要求,绑扎时必须确保尺寸;注意水平钢筋与竖向钢筋交接处核心区域设置,绑扎时必须确保尺寸正确,同时在顶板施工时注意梁、板是单向还是双向,注意上、下层钢筋位置关系及细部构造钢筋的设置,不得遗漏;另外,须注意钢筋的保护层,对所有负筋设支墩,确保受力高度满足设计。

**8. 地下室柱、墙顶板混凝土施工**

针对本工程特点,地下室外墙板一次性浇捣,即采取由同一点起步,两头分开,再最终汇合,施工时分斜面、踏步形式向前推进,以保证钢板位于止水带以上,顶梁以上外墙板一次完成且不留施工缝。对于地下室内柱墙可单独先浇捣,外墙板以外基础及柱按设计及规范要求单独浇捣,并在外墙板施工完成后就开始。地下室顶板混凝土施工自西向东整体顶板一次浇捣,平行推进,施工时严格控制浇捣宽度,以防出现施工冷缝,确保混凝土施工质量。

地下室钢筋混凝土工程注意事项:地下室混凝土强度较高,且为抗渗混凝土,施工时须做好配合比工作,外侧墙板按防水混凝土施工,扎筋时把扎丝向内弯进,并严格按规范做好各项工作,做好技术资料收集工作。

混凝土浇捣时接缝处先用原浆加浆,再分层浇捣,施工时大于落差 3 m 时用串筒或滑槽并分层振实,加强对柱、梁核心区域振实,确保混凝土施工质量。

混凝土养护:混凝土施工后 12 小时加盖草包并浇水养护 14 天。

模板拆除:对于非承重部分坚持确保工程质量,保证不损伤混凝土及造成缺棱掉角现象发生,对部分混凝土保养有难度部位推迟拆模时间。对承重部位梁、板多做试块,满足设计及规范要求后方可拆除。

加强工程清理工作,在支模、混凝土浇捣以及拆模后及时清理,对落地灰浆及时清理,为工程文明施工创造条件。

### 9. 模板工程

根据基础工程特点,墙板采用对销螺丝固定(外墙板加止水片)以防炸模,并增加斜撑撑牢以防整体变形。柱采用抱箍,每 80～100 cm 设置 1 道抱箍。模板支设完毕,项目班子应对结构断面尺寸、垂直度、轴线尺寸等进行认真的技术复核,以确保结构准确度,给以后装修提供一个良好的基层。

### 10. 混凝土工程

地下室施工质量的关键是抗渗,而抗渗的关键是混凝土浇捣质量的控制,所以所有确保质量的措施都要围绕这一问题进行。其主要措施包括:①加强振捣密度,提高振实效果;②处理好墙板水平施工缝这一薄弱环节;③加强混凝土浇捣后的养护。

地下室底板和墙板混凝土施工前召开专题会议,由分公司领导组织,生产、技术、质量、项目经理部有关人员参加,就劳动力组织、机具设备配备、原材料供应等方面问题全面落实,确保稳妥齐备后方可浇捣混凝土。同时,对各施工班组进行全面交底,合理安排工作面,所负责的区域必须确保质量,重奖重罚。地下室施工关键问题的落脚点在于一线班组的操作质量,必须切实加强检查监督,有问题及时发现、及时解决,以杜绝各种隐患。

混凝土浇捣中,由分公司领导轮流蹲点值班,及时帮助项目协调解决施工中的各种问题。技术质安科、生产科轮流值班,对施工的技术质量、进度进行监督,对前、后台进行控制。

### 11. 后浇带施工处理技术

(1)后浇带的设置有利于解决超长结构温差应力及高低层差异沉降应力导致板的裂缝,但也影响结构安全和防水质量。在实际施工中,后浇带留置、浇捣、回填带来了一定的难度。在混凝土浇捣施工中,后浇带的隔断,以前通常用模板锯成钢筋位缺口的方法隔断,这种支模方法难度大,支撑牢固有难度,容易爆模、漏浆。为了对后浇带的留置工艺合理,施工规范,满足建筑功能要求和后浇带处无漏浆现象,避免不可预见因素对后浇带施工的质量影响,杜绝后浇带施工通病的发生,后浇带的隔断制模采用 φ12 钢筋焊成 100 mm×100 mm 的钢筋骨架,焊接在梁、板构造钢筋上,再布置 2 层钢丝网片,这样确保不爆模、不漏浆,对整个地下室施工效果显著。

(2)后浇带的保护:对后浇带的保护好坏直接影响到后浇带二次浇捣施工质量,地下室施工渗水是最大隐患,地下室底板后浇带混凝土浇捣过程中和浇捣完成后应检查有无漏浆情况。如有,应及时清理并进行覆盖,避免杂物掉入后浇带中难以清理。剪力墙的后浇带拆模后外墙面用砖砌体保护。

(3)顶板留置的后浇带,由于后浇带的部位多,模板面积大,待混凝土强度符合拆模要求后,边拆模板边用钢管支撑,并搭设成连通的双排架来支撑后浇带部位。支撑间距不大于 2 m,到时封闭后浇带进行二次制模。二次制模的好处是解决了后浇带的清理工作,当模板拆除后,便于对后浇带连接处凿毛两边混凝土及其他杂物的清除,使后浇带浇捣新、老混凝土结合效果更佳。

后浇带施工说明:

① 根据后浇带施工特点和施工进度安排,地下室的后浇带在混凝土浇捣 2 个月后开始封闭,地下室在主楼的沉降后浇带待主楼主体结顶后 2 个月再封闭(具体浇筑时间须经设计院同意)。后浇带遵循从下向上的原则,用于后浇带的混凝土应采用比原混凝土强度等级高一级的微膨胀混凝土,振捣密实,养护时间不少于 15 天。

② 主楼后浇带在图纸变更中已取消。

③ 后浇带浇筑封闭后混凝土强度达到 100% 后方可拆除模板,因为后浇带部位的梁板在原来的连梁、板结构变成了悬臂结构,混凝土强度不达到 100% 不能拆除模板。后浇带在封闭浇捣完成后要及时覆盖,洒水养护,保持混凝土的润湿度,同时对板底喷水养护。在浇捣中随机取样,做好混凝土试件,测试混凝土的强度,确保后浇带的混凝土强度达到设计要求。

**12. 施工缝的处理**

在施工缝继续浇筑混凝土时,已浇筑的混凝土抗压强度不应小于 1.2 N/mm²。同时,必须对施工缝进行必要的处理。

在已硬化的混凝土表面继续浇筑混凝土前应清除垃圾、水泥薄膜,表面上松动砂石和软弱混凝土层还应凿毛,用水冲洗干净并充分湿润,一般不宜少于 24 小时,残留在混凝土表面的积水应予以清理。

注意:在施工缝位置附近回弯钢筋时,要做到钢筋周围的混凝土不受松动和损坏,钢筋上油污、水泥砂浆和浮锈等杂物也应清除。

浇筑前,水平施工缝宜先铺上一层 10～15 mm 厚的同标号水泥砂浆,其配合比与混凝土内的砂浆成分相同。

**13. 地下室剪力墙外防水涂料施工**

(1)防水材料的保管和检验

① 防水材料的包装容器必须密封,表面应有明显标志,标明材料名称、生产厂名、生

产日期和产品有效期。

② 材料储存和保管环境温度不应低于 0℃,不得日晒、碰撞和渗漏,保管环境应干燥、通风并远离火源。

③ 进场的防水材料应有出厂合格证,现场取样进行复试,不合格产品不得使用。

(2) 基层处理

① 混凝土墙面要求平整、无灰、无蜂窝麻面,如局部有缺陷,可用 1:2 水泥砂浆进行批刮,以确保防水涂料的施工质量。

② 对拉螺栓处的内外端部均事先将小垫木除掉,在凹进部位用 1:2 水泥砂浆抹平,外层做 10 mm 厚防水砂浆灰饼。

③ 在墙面施工缝处应用斩斧将水泥浆清除干净,混凝土外墙交接阴角处应将残留混凝土凿除,并用 1:2 水泥砂浆粉出半径不小于 50 mm 的圆弧,使防水材料在坑边顺利翻出 200 mm 左右。

④ 进行防水涂料涂刷时,要求墙体基本干燥。

⑤ 涂料涂刷厚度均匀,经监理验收合格后方可隐蔽。

(3) 防水涂料施工要点

① 防水涂料配料时计量要准确,搅拌要充分、均匀。尤其是双组分防水涂料操作时更要精心,而且不同组分的容器、搅拌棒、取料勺等不得混用,以免产生凝胶。

② 防水涂膜严禁在雨天、雪天施工;五级风及其以上时不得施工,若施工中遇雨应采用遮盖保护。

③ 涂料涂刷时应均匀一致,不能将气泡裹进涂层中,如遇气泡应立即清除。各道涂层之间的涂刷方向相互垂直,以提高防水层的整体性和均匀性。

④ 胎体增强材料铺设的时机、位置要加以控制;铺设时要做到平整、无皱折、无翘边,搭接准确;在胎体增强材料上涂刷涂料时应使涂料浸透胎体,覆盖安全,不得有胎体外露现象。

⑤ 严格控制防水涂膜层的厚度、分遍涂刷厚度及间隔时间,涂刷应厚薄均匀、表面平整。

⑥ 防水涂膜施工完成后应有自然养护时间,一般不少于 7 天,养护期间不得在其上操作。

### 14. 大体量混凝土测温控温方案

为掌握基础内部实际温度变化情况,防止内外温差超值而产生收缩裂缝,我们对基础内外部进行测温记录,密切监视温差波动,以指导混凝土的养护工作。

为了严格控制大体积混凝土的内外温差,确保混凝土质量,养护是一项十分关键的工作。混凝土养护主要是保温保湿养护,保温养护能减少混凝土表面的热扩散和混凝土表面的温差,能防止混凝土表面失水而产生干缩裂缝,能使水泥水化顺利进行,提高混凝土的极限拉伸强度;保湿养护能发挥混凝土材料的松弛特性,防止产生贯穿裂缝。从就地取材、施工方便、价格便宜考虑,保温、保湿养护方法可在混凝土表面用木蟹紧压整平后,覆盖 2 层草袋和 2 层塑料薄膜。

平面测温点布置:每 100 m² 布置 1 个。

测温时间:底板的混凝土温度从混凝土浇筑到混凝土硬化,有一个从升温到降温的过程,这个过程相对来说比较缓慢,尤其是降温过程,一般有 15～20 天就可以了解到混凝土内部温度变化情况,为此,测温时间从混凝土浇筑开始,约 16 天结束。如果此时混凝土与大气的温差大于 20 ℃,则考虑延长一段时间(3～5 天)并采取适当的降温措施。

### 15. 控制裂缝的技术措施

钢筋混凝土结构引起裂缝的主要原因是水泥水化热的大量积聚,使混凝土内部产生早期升温和后期降温时的温度应力,这种情况在高标号混凝土中更易产生,施工中应采取下列措施来降低温差,防止出现结构裂缝:

优化混凝土配合比,大体积混凝土因其水泥水化热的大量积聚,易使混凝土内外形成较大温差而产生温差应力,C30 混凝土水泥有一定的用量,因此在施工中应选用水化热较低的水泥。

对于基础来说,一般不会很快就增加结构荷载,因此,充分利用混凝土的中后期强度可有效降低水泥用量。

选用中低热水泥以降低水泥水化所产生的热量,从而控制大体积混凝土温度升高。

粗骨料选用粒径为 5～40 mm 的连续级配碎石;细骨料选用细度模数 2.5 左右的中砂。严格控制粗细骨料的含泥量,石子控制在 1% 以下,黄沙控制在 2% 以下。如果含泥量大,不仅会增加混凝土的收缩,而且会引起混凝土抗拉强度降低,对混凝土抗裂不利。可选用掺入具有缓凝、减水作用的外加剂以改善混凝土的性能,加入外加剂后,可延长混凝土的凝结时间,采取分层浇筑混凝土,利用浇筑面散热,并可大大减少施工中出现冷缝的可能性。

坍落度:控制在 120 mm±20 mm。

凝结时间:初凝时间为 9～10 小时,终凝时间为 12～13 小时。混凝土应检验确定配合比以及进行掺合料相容性测试。

做好混凝土保温养护,缓慢降温,充分发挥混凝土徐变特性,减少温度应力。保温措施采用 2 层塑料薄膜、2 层草包覆盖,覆盖工作必须严格认真地贴实,薄膜幅边之间搭接宽度不少于 10 cm,草包之间连口拼紧,养护期间浇水视具体情况而定。加强测温和温度监测与管理,实行信息化施工,将混凝土内外温差控制在 25 ℃ 以内。

### 16. 底板质量保证措施

(1) 由项目经理部组成一个大体量混凝土浇捣领导和施工生产班子,负责混凝土施工全过程,确保混凝土浇捣顺利进行。

(2) 严格把好原材料质量关,水泥、碎石、砂、外掺剂等要达到国家规范规定的标准。严格控制混凝土坍落度,到达现场为 120 mm±20 mm,严禁加水现象产生。按规定要求批量制作混凝土试块,以 R28 作为评定标准。质量部门分 3 班巡回监督检查,发现质量问题立即督促整改。向搅拌站反馈现场混凝土实际坍落度、可泵性、和易性等质量信息,以有利于控制搅拌站出料质量。

(3) 按照浇捣方案,组织全体作业人员进行大型技术交底会,使每个操作工人对技术要求、混凝土下料方法、振捣步骤等做到心中有数。全体施工管理人员实行岗位责任制,做到职责分清,奖罚分明。

(4)混凝土搅拌车进场,混凝土品质严格把关,检查搅拌车运输时间、混凝土坍落度、可泵性是否达到规定要求。对不合格者坚决予以退车,严禁不合格混凝土进入泵车输送。

(5)每台泵车进料量要及时反映到现场调度,按浇捣总量及时平衡搅拌车进入各泵位,基本做到浇捣速度相同,齐头并进。

(6)混凝土浇捣必须连续进行,操作者、管理人员轮流交替上岗。混凝土浇捣前只有在各项准备工作完善、到位,现场各项各级验收工作顺利通过,最终由公司总工程师下达混凝土"浇捣令"后才能开泵进行浇捣。

(7)基坑须有良好的排水系统和足够的集水井,以保证基础施工顺利进行。

### 17. 回填土施工

(1)土料要求

填方土料应符合设计要求,保证填土的强度和稳定性。本工程填土土质建议采用含水量符合压实要求的黏性土或粉质黏土,填土内不得含有机杂质和粒径大于 50 mm 的石块,更不得含有树根。

(2)填土含水量

① 填土含水量的大小直接影响到夯实(碾压)质量,在夯实碾压前应先试验,以得到符合密度要求条件下的最优含水量和最少夯实(碾压)遍数。含水量过少,夯压(碾压)不实;含水量过大,则易成橡皮土。

② 当填料为黏性土时,其最优含水量与相应的最大干密度应用击实试验测定。为保证填土质量,在压实后达到最大密实度,即获得最大干容重,应使回填土的含水率控制在最佳范围内。

③ 土料含水量一般以手捏成团,落地开花为宜。当含水量过大,应采用翻松、晾干、风干、换土回填、掺入干土或其他吸水性材料等措施;如土料过干,则应预先洒水润湿,当含水量小时,也可采取增加压实遍数或使用大功能压实机械等措施。在气候干燥时,须采取加速挖土、运土、平土和碾压过程,以减少土的水分散失。

(3)填土方法

① 填土应由下而上分层铺填,每层虚铺厚度不大于 30 cm。大坡度堆填土不得居高临下和一次堆填。

② 推土机运土回填可采取分堆集中、一次运送方法,分段距离约为 10~15 m,以减少运土漏失量。

③ 土方推至填土部位时应提起一次铲刀,并向前行驶 0.5~1.0 m,利用推土机后退时将土刮平。

④ 用推土机来回行驶进行碾压,履带应重叠一半。填土程序宜采用纵向铺填顺序,从挖土区段至填区段以 40~60 m 距离为宜。

### 18. 填土的压实施工

(1)压实的一般要求

① 密实度要求:填方的密实度要求和质量指标通常以压实系数 $\lambda_c$ 表示,压实系数一

般＞0.94。

② 铺土厚度和压实遍数：本工程采用平碾压路机进行压实，每层铺土厚度不大于30 cm，一般每层压实遍数6～8遍，具体应根据现场碾压试验确定。下层土检验合格后再进行第二层土的回填压实。

③ 每层填土压实后都应做干容重试验，用环刀法取样。

（2）填土压实方法

① 填土应尽量采用同类土回填，并宜控制土的含水率在最优含水量范围内，边坡不得用透水性较小的土封闭，以利于水分排出和基土稳定，并避免在填方内形成水囊和产生滑动现象。

② 填方应从最低处开始，由下而上整个宽度分层铺填压实或夯实。

③ 地形起伏之处应做好接槎，修筑1：2阶梯形边坡。分段填筑时每层接缝处应做成大于1：1：5的斜坡，碾迹重叠0.5～1.0 m，最下层错缝距离不应小于1 m。

④ 填土应预留一定的下沉高度，以备在行车、推重或干湿交替等自然因素作用下土体逐渐沉落密实。预留沉降量根据工程性质、填方高度、填料种类、压实系数和地基情况等因素确定。当土方用机械分层夯实，其预留下沉高度（填方高度的百分数计）对粉质黏土为3%～3.5%。

（3）压实排水要求

① 填土层如有地下水或滞水时，应在四周设置排水沟和集水井，将水位降低。

② 已填好的土如遭水浸，应把稀泥铲除后，方能进行下一道工序。

③ 填土区应保持一定横坡，或中间稍高两边稍低，以利排水。当天填土，应在当天压实。

# 第三节　主要分部工程的施工方法

**1. 模板工程**

上部结构模板全部采用木夹板，用方木和钢管支撑，对拉螺栓固定。现场设木工加工场，配全套木工加工机械，统一配置模板，拆下后的模板运回加工场集中修理改制后再周转使用。

**2. 钢筋工程**

现场集中设置钢筋加工场，配全套加工机械，钢筋全部在加工场加工成型编号后运到现场绑扎，柱主筋连接形式采用电渣压力焊。

**3. 主体结构施工方案**

施工顺序：弹线→复核→柱筋绑扎→验收→柱支模（砌墙）→轴线、标高复核→浇筑混凝土→养护→拆模→梁板支模→梁、板绑扎钢筋→验收→浇梁板混凝土

**4. 柱钢筋安装**

（1）弹线以后，对局部疏松混凝土进行清除，校正原有插筋位置，清除插筋上的砂浆。

（2）本工程主体结构,竖向接头采用电渣压力焊,水平向接头用对焊或电弧焊。其接头必须按规范和图纸规定错开,钢筋与箍筋的绑扎铁丝应成八字形,柱筋的两边绑扎20 mm厚水泥砂浆垫块。间隔1 m以确保混凝土保护层厚度,同时采用支撑筋与"S"形柱筋固定梁排筋的设计间距,以保证钢筋的受力高度及平整度,支撑间距为2 m/道。

（3）在楼板面的柱筋与楼板钢筋网格间隔点焊,以保证在浇筑混凝土时钢筋不跑位,保证插筋位置的准确性。

（4）在现场质量员自检之后,通知甲方监理对该部位钢筋进行验收,然后才能进行下一道工序。

**5. 梁、板钢筋的安装**

（1）在柱模板、梁板模板搭设完毕,经过技术复校工作以后,进行梁板钢筋的施工。

（2）顺序:先梁钢筋,后板钢筋;先短跨梁钢筋,后长跨梁钢筋;先短跨板钢筋,后长跨板钢筋。

（3）梁筋需伸入柱中且满足锚固、搭按长度的要求,梁的箍筋应在梁面架立筋上交错放置。

（4）楼板钢筋按图伸入梁、柱内,下皮钢筋每隔1 m设一砂浆垫块,上皮钢筋横向、纵向每隔1 m设马凳撑筋并点焊牢固,每一开间内利用该撑筋作为板厚控制依据。

（5）板筋在外围两排钢筋的交叉点须全部呈八字形绑扎,之间部位可绑成梅花形,保证受力钢筋不移位;梁、板钢筋经自检合格后通知甲方监理验收;成型钢筋应按指定地点堆放,用垫木垫放整齐。绑扎柱筋时应搭临时架子,不准踩蹬钢筋。

**6. 钢筋工程质量保证措施**

所有分批进场钢材有出厂合格证,并严格按照规范要求进行原材料试验,试验合格后方可使用,所有进场钢材分规格、分批量、标识堆放。

凡经试验不合格的钢筋均不得使用,并须进行不合格品标识,立即组织退场。

**7. 模板工程施工方案**

根据业主合同文件及设计图纸,优质高速的施工方法是我们考虑的前提。

**8. 模板的设计和制作**

（1）柱、梁、墙模板采用十夹板。方木、搁栅,双钢管做牵杠或柱箍,$\phi12 \sim \phi14$对柱螺栓@600 mm×600 mm间距呈网状对拉固定。平台板也用涂塑夹板18 mm厚,下放50 mm×100 mm木搁栅,用钢管架支顶,立杆间距1 m。

（2）模板设计应根据工程结构形式和特点及现场施工条件进行,支模图应有模板平面布置图,纵横龙骨间距、规格、排列尺寸和穿墙螺栓位置,确定支撑系统尺寸、间距和布置,根据规范验算龙骨和支撑系统的强度、刚度和稳定性,绘制全套模板设计图（包括模板平面布置图、立面图、组装图、节点大样图、材料表等）。模板数量应在模板设计时结合流水分段划分,进行综合研究,合理确定。

**9. 模板的安装**

（1）弹出轴线、梁位置线和标高水平线。

（2）支架的排列间距要符合模板设计和施工方案的规定。

（3）按设计标高调整支柱的标高,然后安装木方或钢龙骨,铺上梁底板并拉线找平,当梁底板跨度等于或大于 4 m 时,梁底应按设计要求起拱。

（4）支架之间应设水平撑、剪刀撑,其竖向间距不大于2。

（5）支架若支在基土上时应对基土平整夯实,满足承载力要求,并架木垫板或混凝土垫块等有效措施,确保混凝土在浇筑中不会发生支架下沉。

（6）当梁高超过 750 mm 时,侧模宜增加对拉螺栓,梁柱接头模板构造应根据工程特点进行设计和加工。

**10. 避免支模工程的质量通病**

柱模容易产生的问题:柱位移,截面尺寸不准,混凝土保护层过大,柱身扭曲,梁柱接头偏差大。防止方法:支模前按墨线和矫正钢筋位置订好压脚板,柱箍形式、规格、间距要根据柱截面尺寸及高度进行设计确定,梁柱接头模板要按大样图进行安装并且固定牢固。立模均要设穿墙螺栓套管,龙骨不宜采用钢花梁,墙梁交接处和墙上口应设拉结,外墙所设的支撑要牢固可靠,支撑的间距、位置宜由模板设计确定,模板安装前模板底边应先批好水泥砂浆找平层,以防漏浆。

梁和楼板容易产生的问题:梁身不平直,梁底不平,梁侧面鼓出,梁上口尺寸过大,板中部下挠,并发生蜂窝麻面。防止的方法:750 mm 高以下模板之间的连接插销不少于2道,梁底与梁侧板宜加牵杠,并确保木斜撑支顶夹紧;大于 750 mm 梁高的侧板宜加穿墙螺栓。模板支架的尺寸和间距排列要确保支撑系统有足够的刚度,模板支吊的底部应在坚实的地面上,梁板跨度大于 4 m 者,如设计无要求则按规范起拱处理。

**11. 混凝土工程施工方案**

（1）施工要点

① 在钢筋绑扎和模板安装后即将所有垃圾清理干净,并对模板浇水湿润,然后通知有关方面检查验收,办理好隐蔽工程验收手续后签发混凝土浇灌令,并经过严格计量,有专人负责。

② 混凝土的振捣必须密实,配备 2 台振动器同时进行,严格控制振动棒的移动间距不大于作用半径的 1.5 倍,振动棒的实际操作规程程序是"快插,慢拔",不得漏振或过振。振动棒不能直接碰击钢筋或模板。

③ 混凝土的浇捣应连续进行,原则上不留施工缝。但因为特殊原因需要留设施工缝的,施工缝必须按规范及设计要求留置。

④ 混凝土必须根据气候情况及时做好养护工作,确保混凝土不脱水,一般在混凝土浇捣后 12 小时,按施工规范浇水养护不少于 7 天。

（2）柱的混凝土浇筑

① 柱浇筑前底部先填以 5～10 cm 厚与混凝土配合比相同的混凝土,柱混凝土分层振捣,使用插入式振捣器时每层厚度不大于 50 cm,做到振捣棒不撬动钢筋和预埋件。除上面振捣外,下面有人随时敲打模板。

② 柱高在 2 m 之内,在柱顶直接浇筑,柱高超过 3 m 时采取措施,用串筒或在模板侧

面开门,斜溜槽分段浇筑。

③ 柱子混凝土浇筑完毕,留施工缝,留在主梁下 3 cm 处。

（3）梁、板混凝土浇筑

梁板的浇筑方法由一端开始用"赶浆法",即按照设计要求分层浇筑成阶梯形状,当达到梁顶位置时再用木抹子压平、压实。

梁柱节点钢筋较密时,浇筑该处混凝土时用细石子,同等级混凝土浇筑,并用小直径振捣棒振捣。

浇筑板的虚铺厚度略大于板厚,用平板振捣器,按照垂直浇筑方向来回振捣,厚板采用插入式振捣器按照浇筑方向拖拉振捣,并用铁插尺检查混凝土厚度,振捣完毕后用长木抹子抹平。施工缝及插筋处用木抹子抹平。

施工缝位置:施工缝应留置在交梁跨度的中间三分之一范围内。施工缝的表面与梁轴线或板面垂直,不留斜槎。施工缝用木板或钢丝网挡牢。

施工缝处待已浇筑混凝土抗压强度不小于 1.2 MPa 时再继续浇筑,在继续浇筑混凝土前将施工缝混凝土表面凿毛,剔除浮动石子,并用压力水冲洗干净后先浇一层水泥浆,然后继续浇筑混凝土,细致操作振实,使新旧混凝土紧密结合。

（4）混凝土试块制作及质量要求

试块制作应满足每 25 m³ 不少于 1 组,每台班不少于 1 组(坍落度测试次数同试块)。试块制作完成后应送入现场养护室进行养护,另外加做一组留在现场与结构同条件养护,作为承重模板拆除时强度依据。

同条件养护:用 φ10 mm 钢筋铁栅制作成一个 500 mm×350 mm×200 mm 的笼罩,面层可开启,可放置 2 组试块。

混凝土强度必须符合现行规范规定,表面无蜂窝、孔洞、露筋,施工缝无灰渣等现象,实测质量偏差要求合格率应控制在 90% 以上。

### 12. 混凝土泵送工艺

高层建筑结构泵送混凝土工艺具有工期短、节约材料、施工质量保证、减少施工用地、有利于文明施工等一系列优点,已得到较为广泛的运用。本工程使用商品混凝土泵送施工工艺,在主体结构施工时每一施工段配备 1 台固定式柴油混凝土泵。

合理布设泵管是保证泵送施工得以顺利进行的条件。根据路线短、弯头少的原则,同时需满足水平管与垂直管长度之比不少于 1:4,且不小于 30 m 的要求进行布管。为平衡压力和防止水平管过长,必须在泵机出料口附近泵管上增加一个逆止筏。室外泵管用脚手钢管及扣件组成支架予以固定;竖向泵管用钢抱箍夹紧,再与外架固定,垂直管的底弯头处受力较大,故用钢架重点加固。

泵送混凝土前,先把储料斗内清水从管道泵出,达到湿润和清洁管道的目的,然后向料斗内加入与混凝土配比相同的水泥砂浆(或 1:2 水泥砂浆),润滑管道后即可开始泵送混凝土。

开始泵送时速度宜放慢,油压变化应在允许值范围内,待泵送顺利时再用正常速度进行泵送。

泵送期间,料斗内的混凝土量应保持不低于在缸筒口上 100 mm 为宜,避免吸入效率低,容易吸入空气而造成塞管,太多则反抽时会溢出并加大搅拌轴负荷。

混凝土浇筑宜连续作业,当混凝土量供应不及时,需降低泵送速度。泵送暂时中断时,搅拌不应停止。当叶片被卡死时需反转排除,再正转、反转一定时间,待正转顺利后方可继续泵送。中途若停歇时间超过 20 分钟,管道又较长时,应每隔 5 分钟开泵 1 次。泵送少量混凝土,管道较短时,可采用每隔 5 分钟正反转 2~3 个行程,使管内混凝土蠕动,防止泌水离析。长时间停泵(超过 45 分钟)、气温高、混凝土坍落度小时可造成塞管,宜将混凝土从泵和输送管中清除。

泵送先远后近,在浇筑中逐渐拆管。在高温季节泵送,宜用湿草袋覆盖管道进行降温,以降低入模温度。泵送管道的水平换算距离总和应小于设备的最大泵送距离。

泵送将结束时,应估算混凝土管道和料斗内储存的混凝土量及浇捣现场所欠混凝土量($\phi$150 mm 径管每 100 m 有 1.753 m$^3$),以便决定拌制混凝土量。

泵送完毕清理管道时,采用空气压缩机推动清洗球。先安装好专用清洗管,再启动空压机,渐进加压。清洗过程中应随时敲击输送管,了解混凝土是否接近排空,当输送管内尚有 10 m 左右混凝土时应将压缩机缓慢减压,防止出现大喷爆和伤人。

泵送完毕应立即清洗混凝土泵、布料器和管道,管道拆除后按不同规格分类堆放。

质量标准:泵送的混凝土必须用机械搅拌,时间要满足有关规定要求。掺有外加剂时,一般不宜少于 120 秒,掺引气减水剂不宜大于 300 秒,也不宜少于 180 秒。混凝土的坍落度宜为 8~18 cm,各盘(槽)拌合物的坍落度应均匀。

施工注意事项:混凝土输送管道的直管布置应顺直,管道接头应密实、不漏浆,转弯位置的锚固应牢固可靠。混凝土泵与垂直向上管的距离宜大于 10 m,以抵消反坠冲力和保证泵的振动不直接传到垂直管,并在垂直管的根部装设一个截流阀,防止停泵时上面管内混凝土倒流而产生负压。向下泵送时,混凝土的坍落度应适当减小,混凝土泵前应有一段水平管道和弯上管道再折向下方,并应避免垂直向下装置方式以防止离析和混入空气而对压送不利。凡管道经过的位置要平整,管道应用支架或木垫枋等垫固,不得直接与模板筋接触,若放在脚手架上应采取加固措施。垂直管穿越每一层楼板时,应用木枋或预埋螺栓加以锚固。对施工中途新接驳的输送管应先清除管内杂物,并用水或水泥砂浆润滑管壁。尽量减少布料器的转移次数,每次移位前应先清出管内混凝土拌合物。用布料器浇筑混凝土时,要避免对侧面模板的直接冲射。垂直向上管和靠近混凝土泵的起始混凝土输送管用新管或磨损较少的管。使用预拌混凝土时,如发现坍落度损失过大(超过 2 cm),经过现场试验员同意,可以向搅拌车内加入与混凝土水灰比相同的水泥浆,或与混凝土配比相同的水泥砂浆,经充分搅拌后才能卸入泵机内。严禁向储料斗或搅拌车内加水。泵送中途停歇时间一般不应超过 60 分钟,否则要预清管或添加自拌混凝土,以保证泵机连续工作。搅拌车卸料前必须以搅拌速度搅拌一段时间后方可卸入料斗。若发现初出的混凝土石子多,水泥浆少,应适当加备用砂浆拌匀方可泵送。最初泵出的砂浆均匀分布到较大的工作面上,不能集中在一处浇筑。若采用场外供应预拌混凝土时,现场必须适当储备与混凝土配制所用相同的水泥,以便配制砂浆或自拌少量混凝土。泵送过程中要做好开泵记录、机械运行记录、压力表压力记录、塞管及处理记录、泵送混凝土量记录、清洗记录,检修时做检修记录,使用预拌混凝土时要做好坍落度抽查记录。

主要安全技术措施:泵机要随时检查乳化剂冷却润滑水箱中的水量是否足够和干净,一般每工作8小时要更换1次。泵机运行声音变化、油压增大、管道振动是堵管的先兆,应该采取排除措施。经常检查泵机是否正常,避免经常处于高压下工作。泵机停歇后再启动时,要注意压力表压力是否正常,预防塞管。混凝土泵输出的混凝土在浇捣面处不要堆积过量,以免引起过载。拆除管道接头时,应先进行多次反抽,卸除管道内混凝土压力,以防混凝土喷出伤人。清管时,管端应设置挡板或安全罩,严禁管端站立人员,以防喷射伤人。清洗管道可用压力水洗或压缩空气洗,但两种形式不允许同时采用。在水洗时,可以中途转换为气洗,但气洗中途绝对禁止转换为水洗,严禁采用压缩空气清洗布料器。

产品保护:泵送混凝土一般掺有缓凝剂,其养护方法与不掺外加剂的混凝土相同。应在混凝土终凝后再浇水养护,并且要加强早期养护。为了减少收缩裂缝,待混凝土表面无水渍时宜进行第二次碾压抹光。由于泵送混凝土的水泥用量大,宜进行蓄水养护,或覆盖湿草袋、麻袋等物,以减少收缩裂缝。

**13. 砌体工程施工方案**

(1)砌体工程基本施工程序

抄平、放线→立皮数杆→立内门窗框→摆砖墙(铺底)→砌头角和挂线→铺灰砌砖→勾缝、清理墙

(2)砌筑工艺与具体要求

砌筑用砂浆应符合设计及施工验收规范要求,砂浆按设计强度要求由试验室提供配合比。

(3)砌体的砌筑施工

砌筑用砖或加气混凝土砌块要提前浇水湿润。砌筑前,先根据砖墙位置弹出墙身轴线和边线。开始砌筑时先摆砖样,排出灰缝宽度。摆砖时应注意门窗位置及砖垛、构造柱等对灰缝的影响,同时要考虑窗间墙的组砌方法及非整砖的位置,务使各皮砖的竖缝相互错开。在同一墙面上,各部分的组砌方法应统一,并使上下一致。砌砖前须进行皮数杆的技术复核工作,皮数杆上应标出砖的厚度、灰缝厚度、门窗过梁等构件位置,立皮数杆时要用水准仪进行找平,使皮数杆的楼地面标高线位于设计标高位置。

(4)砌体的施工要点

在框架结构的填充墙砌筑时必须做好砌体与墙柱的接续。为避免拉结筋漏埋、移位而造成拉结不能满足砌体要求的情况,要做到以下3点:

① 拉结筋可预埋,在浇筑钢筋混凝土柱前应确定皮数杆,并在皮数杆上标明拉结筋的位置。这样既保证拉结筋不漏放,又可使拉结筋与砖砌砌体水平灰缝缝隙一致。也可后植,后植的要在砌筑填充墙前画好皮数杆,植好拉结筋。

② 预留完成,严格拉结筋的检查验收。验收柱内钢筋时,同时检查验收拉结筋的预埋情况,并做相应隐蔽工作验收记录,不符合要求的,应在整改并重新验收合格后才允许

浇筑混凝土。

对于多孔砖砌外墙,拉结筋部位应按砌墙皮数杆埋设,接近梁底或板底部位的砌体要用红砖45°斜砌,同时宜间隔几天,二次砌筑,保证墙顶砂浆饱满,减少装修收缩裂缝。砌体灰浆级配准确,墙体平整、垂直、灰缝饱满,砖块水平灰缝的砂浆饱满度不得低于80%,提高外墙抗渗能力。

在砌体施工前加强土建与安装的协调工作,一般应先预留管线,后砌筑墙体,避免凿槽、凿洞。

对卫生间、女儿墙等浸水部位的墙下钢筋混凝土楼板,在结构混凝土浇筑时预先向上翻起素混凝土墙脚(门洞处除外),防止这些部分由墙脚处向外渗水。

③ 严格控制好砌体的水平灰缝和竖向灰缝质量,必须按要求设置墙体槎口。

(5) 砌体质量保证措施

① 本工程基础采用混凝土实心砖,砖强度等级MU10,采用M10水泥砂浆砌筑。上部围护外墙采用240 mm厚加气混凝土砌块,内墙和填充墙采用加气混凝土砌块,强度等级为A5.0,用专用砂浆。轻质隔墙构造见相关图集(容重≤6.0 kN/m),专用砂浆砌筑。砌块容重采用标准砌块,凡与可能含水土壤接触的砖砌内外墙,在室外地面60 mm处做1:2防水砂浆防潮层20 mm厚,并根据国家相关规范留置试块,作为检验砌体是否合格的一个标准。

② 砂浆品种符合设计要求,强度必须符合下列规定:同品种、同强度等级砂浆各组试块的平均强度不小于1.0 MPa;任意一组试块的强度不小于0.75 MPa。

③ 砌体砂浆必须密实饱满,实心砖砌体水平灰缝的砂浆饱满度不小于80%。

④ 外墙转角处严禁留直槎,其他临时间断处留槎的做法必须符合施工规范的规定。

⑤ 砖砌体接槎处灰浆密实,缝、砖平直,每处接槎部位水平缝厚度5 mm,或透亮的缺陷不超过5个。

⑥ 预埋拉结筋数量、长度均符合设计要求和施工规范规定,留置间距偏差不超过2皮砖。

⑦ 留置构造柱留置位置正确,大马牙槎先退后进,上下顺直,残留砂浆清理干净。墙体表面不得留置水平沟槽。

(6) 工程质量通病的防治

① 墙身轴线位移。造成原因:在砌筑操作过程中,没有检查校核砌体的轴线与边线的关系。

② 水平灰缝厚薄不均。造成原因:在立皮数杆(或框架柱上画水平线)标高不一致,砌砖盘角时每道灰缝控制不均匀,砌砖准线没拉紧。

③ 同一砖层的标高差1皮砖的厚度。造成原因:砌筑前由于基础顶面或楼板面标高偏差过大而没有找平理顺,皮数杆不能与砖层吻合;砌筑时,没有按皮数杆控制砖的皮数。

④ 墙面粗糙。造成原因:砌筑时半头砖集中使用造成通缝。1砖厚墙背面平直度偏差较大;溢出墙面的灰渍未刮平顺。

⑤ 构造柱未按规范砌筑。造成原因:构造柱两侧砖墙没砌成马牙槎,没设置好拉

结筋及柱脚开始先退后进,当齿深 120 mm 时上口一皮没按进 60 mm 后再上一皮才进 120 mm;落入构造柱内的地灰、砖渣等杂物没清理干净。

⑥ 墙体顶部与梁、板连接处出现裂缝。造成原因:砌筑时墙体顶部与梁板底连接处没有用侧砖或立砖斜砌(60°)顶贴挤紧。

(7) 主要安全技术措施

① 砂浆机使用

停放机械的地方浇筑混凝土平台,防止机械倾侧。

砂浆搅拌机的进料口上应装上铁栅栏遮盖保护,传动皮带和齿轮必须装防护罩。

工作前应检查:搅拌叶有无松动或磨刮筒身现象;出料机械是否灵活;机械运转是否正常。

必须在搅拌叶正常运转后方可投料。转叶转动时,不准用手或用棒等其他物体拨刮拌和筒灰浆或材料。

出料时必须使用摇手柄,不准用手转拌和筒。

工作中机具如遇故障或停电应拉开电闸,同时将筒内拌料清除。

② 淋湿砌块

砖块应提前在地面上用水洒(或浸水)至湿润,不应在砌块运到操作地点时才进行,以免造成场地湿滑。

③ 材料运输

车辆运输专用砂浆应注意稳定,不得高速跑步,前后车距离应不小于 2 m;下坡行车,两车车距应不小于 10 m。禁止并行或超车,所载材料不许超出车厢之上。

车辆推进施工电梯或井架里进行垂直运输时,装量和车辆数不准超出吊笼的吊运荷载能力。

禁止用手向上抛砖运送,人工传递时应稳递稳接,两位置应避免在同一垂直线上作业。

在操作地点临时堆放材料,当在地面时,要放在平整坚实的地面上,不得放在湿润积水或泥土松软崩裂的地方。当放在楼面板或桥道时,不得超出其设计荷载能力,并应分散堆置,不能过分集中。

④ 安设施工脚手架

当脚手架安装在地面时地面必须平整坚实,否则要夯实至平整不下沉,或在架脚铺垫枋板,扩大支承面;当安设在楼板时,如高低不平则应用木板楔稳,如用红砖垫则不应超过 2 皮,地面上的脚手架大雨后应检查有无变动。

脚手架间距按脚手板长度和刚度而定,脚手板不得少于 2 块,其端头须伸出架的支承横杆约 20 cm,但也不允许伸出过长做成悬臂,防止重量集中在悬空部位而造成脚手板"翻跟头"的危险。

两脚手板搭接时,每块板应各伸过架的支承横杆。注意:不要将上一块板仅搭在下一块板的探头(悬空)部分。

每块脚手板上的操作人员不应超过 2 人,堆放砖块不应超过单行 3 皮,宜一块板站人,一块板堆料。脚手架的高度(站脚处)要低于砌砖高度。

⑤ 砌砖施工

不准站在墙上做画线、吊线、清扫墙面等工作，砍砖时应向内打砖，防止碎砖落下伤人。

### 14．屋面施工方案

（1）找平层施工要点

① 铺砂浆前基层表面应清扫干净并洒水湿润，有保温层时不得洒水并设置灰饼。

② 找平层分仓缝应与板缝对齐，缝高同找平层厚度，缝宽 20 mm 左右。

③ 砂浆铺设应按由远到近、由高到低顺序进行，每个分格仓应一次完成，严格掌握坡度。天沟内一般先用细石混凝土找坡。待砂浆稍收水后用抹子压实抹平，终凝前，轻轻取出分格缝嵌条做好成品保护。

④ 根据气候变化，如气温在 0℃ 以下或终凝前可能下雨时不宜施工，如必须施工，应有技术措施，保证找平质量。铺设找平层 12 小时后需浇水养护（低温施工除外），第二层找平层终凝前应按要求设置通气孔。

（2）保温板施工要点

① 保温板应先进行排板编号定制，并从最低处距边缘 5 cm 铺起，保证屋面坡度正确。

② 保温板铺设前应保证水泥砂浆找平层有足够的施工强度并按规定设置分仓缝。

③ 保温板铺设应平整，分层铺设上下应错缝，铺设完成后立即进行土层找平层施工，减少暴露时间，防止板块破裂和浸水。

（3）防水层卷材施工要点

① 卷材在运输及保管时应避免雨淋日晒及酸碱物质。

② 基层表面应清洁平整，无空鼓、开裂及起砂脱皮等缺陷，并应做冷底子油 1 道。

③ 卷材铺贴基层应干燥，不得在雨天和大风中施工，最佳施工温度在 5℃ 以上。

④ 所有转角处均应做成圆弧钝角，并均铺设附加层 2 层。

⑤ 卷材铺设方向应按规定执行并顺水搭接，搭接宽度不小于 10 cm。

（4）细石混凝土刚性防水施工

细石混凝土整浇防水层施工前应在防水层上铺设一层隔离层后进行，并按设计要求支设好分格缝木模，设计无要求时，每格面积不大于 36 m²，分格缝宽度为 20 mm。一个分格内的混凝土应尽可能连续浇筑，不留施工缝。振捣宜采用铁辊滚压或人工拍实，不宜采用机械振捣，以免破坏防水层。振实后随即用刮尺按排水坡度刮平，并在初凝前用木抹子提浆抹平。初凝后及时取出分格缝木模，终凝前用铁抹子压光。抹平压光时在表面掺加水泥砂浆干灰。

钢筋网片的位置设置在保护层中间偏上部位，在铺设钢筋网片时用砂浆垫块支垫。

细石混凝土防水层浇筑完成后应及时进行养护，养护时间不应少于 7 天。养护完成后将分格缝清理干净，嵌填密封材料。

### 15．装饰工程施工方案

为实现本标段工程的质量目标，装饰阶段必须精心组织，精心施工，外墙装饰、室内楼地面是重点,细部处理是关键。装饰工程原则上要遵循先上面后下面,先湿作业后干作业的程序进行施工;粗装饰在前,精装饰在后;样板先行,大面积装饰在后。

(1)内墙、柱、顶棚粉刷施工

内粉刷:弹出墙控制线→砌施工墙洞→门樘安装(预埋暗管、管盒整修)→墙面粉刷

(2)顶棚、内墙抹灰施工及技术措施

顶棚抹灰:水平控制采用弹+50 cm线办法来控制。钢筋混凝土板顶棚抹灰前,先用清水湿润,刷素水泥浆1道,抹灰前应在四周墙上弹出水平线,先抹顶棚四周,有利于保证顶棚平整。另外,顶棚表面顺平并压平压实,不应有抹纹和气泡、接槎不平等现象,顶棚与墙面相交的阴角应成一条直线。

内墙抹灰:水平控制采用弹+50 cm线的办法来控制。抹灰前做到模线找平,立线吊直,弹出准线和墙裙、踢脚板线。再根据抹灰优良标准,先用托线板检查墙面平整垂直度,大致决定抹灰厚度(最薄处不小于7 mm),再在墙的上角各做一个标准灰饼,厚度以墙面平整垂直决定,然后根据这2个灰饼用托板或线锤挂垂直做墙面下角2个标准灰饼(高低位置一般在踢脚线上口)的厚度为准,再以这些标准灰饼为依据进行冲横筋相结合的办法。具体做法:保留墙角的竖筋,如面积较大,每隔2 m左右加1道竖筋;保留上、下2道横筋,取消中间1道横筋(一般做法为上、中、下3道横筋)。这样做冲筋的工作量大了一些,但能保证抹灰质量。需要注意的是:冲筋应顺直、平整;最下踢脚线处一道横筋应用水泥砂浆;冲筋后要注意养护。然后可进行底层抹灰,一般抹灰分3次,以防止一次太厚,内外收水快慢不同而产生起鼓脱落,遇到基层为混凝土的抹灰前先刮素水泥浆1道以利粘结。面层一般选在底子灰5~6成干时进行。罩面后压实赶光。柱子抹灰:抹灰前做好基层处理工作,确保处于允许偏差范围,要统一调整柱的粉刷厚度,测饼护角后进入抹灰或贴面。

(3)涂料主要施工方法

先将墙面中的灰渣等杂物清理干净,用扫帚将墙面的浮灰扫净,用石膏将墙面磕碰处、麻面、缝隙等修补好,干燥后用砂纸将凸出处磨平。满刮第一遍大白,干燥后用砂纸将墙面的渣、斑迹磨平磨光,并对其他地方再复补腻子,如有大孔洞可复补石膏腻子,干燥后再用砂纸打磨平整并清扫干净。

刷第一道涂料:涂刷面墙的顺序是从上到下、从左到右,不能乱刷,以免造成涂刷过厚、不均或漏涂。第一遍涂料干后,个别缺陷或漏抹腻子处要复补腻子。干后用砂纸将小疙瘩、腻子渣、斑迹磨平磨光,然后清扫干净。

刷第二、三遍涂料:涂料的刷涂方法与第一遍相同,干燥后用较细砂纸打磨光滑,清扫干净,同时用湿抹布将墙面擦抹一遍。

(4)木门工程施工

当墙砌到地平面时,立门框。同一轴线,标高相同的门框应先立两头,接通线后再立中间的,上、下对应的门框要对齐。

凡靠墙面安装的门,当墙面需要粉刷时,应使框子突出墙面15~18 mm,以便与粉刷后的表面平齐。

立框用的支撑,下端应依据支撑点的不同情况加以固定。砌墙过程中,注意不要碰

动支撑。支撑不能搭在脚手架上,以免架子晃动而造成框子不正。

立框时要用线锤校正垂直,用水平尺检查上、下坎是否水平,并在砌筑砖墙时随时检查是否有倾斜或移动。

塞框:砌墙时,门洞口两侧墙体内要按规定砌入木砖,间距为 $200\sim800$ mm,最多不大于 1.2 m,每边不少于 2 块,木砖尺寸以半砖为宜。

安装时先用木楔将门框临时塞住,然后用线锤校正框子的直度,用水平尺校正冒头的水平度。校正无误后,即用圆钉子钉牢于木砖上,每处钉 2 个,钉帽砸扁冲入框樘内。

在预留门洞口的同时,宜留出门框走头的缺口,在门框调整就位后封砌缺口。

安装时横竖均拉通线以保证门框在一条直线上。当门框的一面需镶贴脸板时,门框应凸出墙面,凸出的厚度等于抹灰层的厚度。

(5) 安装施工

安装前先量出门框的净尺寸,并考虑留缝大小,在相应的扇上画出所需的高度和宽度,进行修刨。修刨时,对下冒头边略为修刨,主要是修刨上冒头;对门樘要两边同时修刨;双扇门要对口后再决定上、下冒头及樘边的修刨,并保证樘宽一致。

将修整后的门扇放入框中试装,检查留缝大小、两扇的冒头或梃子是否对齐和呈水平,有无翘曲等情况,合适后,在门扇、梃上按铰链大小、位置画线,然后取下门扇,安装小五金,进行装扇。

门扇安装的留缝宽度应符合要求。小五金应安装齐全,位置适宜,固定可靠。在门安装小五金处,不得有木节或已填补的木节。

安装小五金用木螺丝,不能用钉子代替。先用锤子打入长度的 1/3 后将其拧入,不得歪扭、倾斜,严禁一次性全部打入。采用硬木时,先钻 2/3 深度的孔,孔径为木螺丝直径的 0.9 倍,然后再拧入。

安装铰链时,应按其大小剔槽,槽深一定要与铰链厚度相适应,安装后应开关灵活,无自关门现象。

门拉手应位于门高度中点以下,门拉手距地面以 $0.9\sim1.05$ m 为宜。同规格门上的拉手安装位置、高低一致。若门扇内外两面都有拉手,应使内外拉手的高低略为错开,以免两面木螺丝相碰。

(6) 内墙面油漆涂料施工

油漆涂料工程等级和材料品种、颜色应符合设计要求和有关标准的规定,严禁脱皮、漏刷和透底及有明显接槎。

(7) 铝合金门窗安装施工

① 施工准备

A. 铝合金的品种规格、开启形式应符合设计要求,各种附件配套齐全,并且有产品出厂合格证。

B. 防腐材料、嵌缝材料、密封材料、保护材料、清洁材料等均应符合设计要求和有关标准的规定。

C. 窗洞口按设计要求施工好,并弹出门窗安装位置的控制线。

D. 认真做好墙体施工的验收工作,复核门窗洞的大小、位置、标高等尺寸,对不符合要求的部位及时进行修复。

② 操作工艺

弹线找规矩→门窗洞口处理→安装连接件的检查→铝合金门窗外观检查→按要求运到安装地点→铝合金门窗安装→门窗四周嵌缝→安装五金配件→验收清理

③ 操作要点

A. 先在门窗框上按设计规定位置钻孔,用自攻螺栓把镀锌连接件紧固。

B. 根据门窗安装位置墨线将门窗装入洞口就位,将木楔塞入门窗框与四周墙体间的安装空隙,调整好门窗框的水平、垂直、对角线等位置及形状偏差,符合检评标准,用木楔或其他器具临时固定。

C. 门窗框与墙体采用钢钉与砖墙中的木砖连接固定,连接件至窗角的距离为180 mm,连接件间距应按设计要求,间距应不大于 600 mm。

D. 门窗框固定后应先进行隐蔽工程验收,检查合格后进行门窗框与墙体安装缝隙的密封处理。

E. 门窗框与墙体安装缝隙的处理按设计规定执行,如设计无规定则用沥青麻丝或泡沫塑料填实,表面用厚度为 5~8 mm 的密封胶封闭。

(8) 安装门窗及门窗玻璃

门窗扇及门窗玻璃的安装应在墙体表面装饰工程完工后进行。

平开门窗一般在框与扇构架组装上墙,安装固定好之后安装玻璃,先调整好框与扇的缝隙,再将玻璃嵌入扇调整,最后镶嵌密封条,填嵌密封胶。

推拉门窗一般在门窗框安装固定好之后将配好玻璃的门窗扇整体安装,即将玻璃入扇镶嵌密封完毕,再入框安装,调整好框与扇的缝隙。

(9) 施工质量标准

① 门窗及其附件和玻璃的质量必须符合设计要求和有关标准的规定。

② 门窗必须安装牢固,预埋件的数量、位置、埋设的连接方法应符合设计要求和有关标准的规定。

③ 门窗扇关闭紧密,开关灵活,无回弹、无变形和倒翘。

④ 门窗附件安装齐全、牢固,位置正确、端正,启闭灵活,适用美观。

⑤ 门窗框与墙体的缝隙填嵌密实,表面平整。

门窗表面洁净、平整,颜色一致,无划痕碰伤,无污染,拼接缝严密。做水压试验,达到规定压力看是否渗水。

**16. 给排水工程施工方案**

(1) 土建和安装单位及安装单位各专业工种之间的配合

土建和安装单位施工配合非常重要。土建结构施工阶段,安装工程的任务一是预留,二是预制和安装;土建结构完工,安装工程要全部进入安装阶段,同时要满足土建装修施工对安装工程的要求;土建收尾阶段,安装工程主要进行通电、通水、通气和全面调试工作。

土建和安装单位的施工配合是确保施工顺利进行的关键,在施工过程中需要采取的主要措施是：

① 土建和安装单位与施工组织设计要合理，编制一个统一的切实可行的施工进度计划。土建单位在结构施工阶段是主体，安装单位要密切配合；装修阶段，主次相当，平分秋色；装修后期和调试阶段要以安装单位为主体，土建单位密切配合。

② 土建装修顺序最好同结构施工和安装工程施工顺序一致，土建单位在安排进度计划时，在上下工序之间要给安装单位留出必要的施工期。

③ 安装单位合理组织施工，在土建结构施工阶段，水、电、暖、卫系统的毛坯安装进度尽量向前赶，在装修阶段努力缩短安装期，为确保工程进度创造条件。

④ 安装工程按单位工程逐项交付土建单位进行装修。在施工程序的安排上，安装单位必须采取相应措施，以适应土建装修进度的要求。

做好安装单位各专业工种的协作配合工作，特别是安装工程的水、电、卫和设备、工艺等工种，需要有一个良好的施工秩序，要科学安排安装内容。主要做法是：

① 抓好图纸会审，各工种专业技术人员在项目负责人的指挥下，共同核对相关部位的安装内容，把安装标高和相对位置详细加以排列，绘制出各专业工种的综合断面图，以备实施。

② 施工技术人员向施工班组进行详细的书面交底，提供安装草图。

③ 加强各专业工程之间的施工协调工作，安排好各工种的施工次序，并在安装过程中严格按规定的尺寸进行控制。发现冲突之处，本着小让大、后让先、易让难的原则协调解决。

④ 认真按施工组织设计和各专业工种施工方案的安排与要求组织施工。在施工全过程中，建立健全施工指挥机构，充分发挥项目经理部的作用；建立质量保证体系和安全保证体系并投入运转；认真熟悉施工图，按设计和规范要求组织施工，贯彻施工方案所提出的施工工艺、施工方法和施工组织设计等；做好施工技术资料的积累工作，做到准确、及时、完整地与施工进度同步。

⑤ 确保工程进度，除搞好安装同土建、装修等单位的交叉合作外，还要协调好同工艺设备安装和其他相关单位之间的关系，要求各相关单位认真安排施工作业计划，逐层搞好工序交叉与配合。

⑥ 安装过程中要重视质量，严格按施工及验收技术规范组织施工。

（2）管道工程施工工艺、方法及施工组织设计

施工准备是保证施工顺利进行的前提，主要包括技术准备、物质准备、组织准备、作业条件的准备等，具体内容是：

① 熟悉与本工程有关的建设文件，了解工程特点和施工总体要求。

② 研究施工图纸，了解设计意图和适用规范，认真做好图纸会审工作，施工图上存在的问题要商定解决办法，并在施工图会审纪要中反映出来。

③ 编制施工方案、施工图预算和用料计划。

④ 根据现场施工条件和施工组织总设计的要求规划本专业工种的临时设施和施工用场地的布置。

⑤ 根据土建施工进度情况组织劳动力进场施工。

⑥ 按施工要求组织机具、材料进场。

⑦ 由工程项目经理和有关技术负责人组织进场施工人员认真学习施工图,明确设计意图和质量要求并逐级进行技术交底,内容主要包括工程特点、设计要求、施工工艺、质量标准、技术措施、安全措施、新技术及新材料、新工艺的施工方法等,并做好技术交底记录。

⑧ 注重现场施工管理,对已进场的劳动力和机具、材料根据施工条件进行合理有效的调度使用,充分利用时间、空间建立起文明施工秩序,完善施工资料积累和传递机制。

（3）管道安装工程的施工程序

管道安装工程施工应按基本建设程序进行,结合现场具体条件合理安排施工顺序。

各类管道在交叉安装相碰时应按下列原则避让,小口径管道让大口径管道,有压力管道让无压力管道。

（4）管道安装质量要求

为使管道系统使用满足功能的要求,保证安全运行,安装施工时应做到如下基本技术要求:

① 管道的材质、管径及安装位置必须符合设计要求,强度试验和严密性试验合格,持有出厂证明或质保书。

② 管道穿过地下墙壁处及楼板时应采取防水措施,采用刚性防水套管预埋。穿过承重墙或基础时应预留洞口,且管顶大口径顶上部净空不得小于建筑物的沉降量(一般不少于 0.1 m)。

③ 管道安装前要充分熟悉卫生器具及用水设备所需配水点安装位置要求,做到毛坯施工时正确地放好管子接头,以便连接卫生器具。

④ 给水横管有 0.002～0.005 的坡度坡向泄水装置,接口应严密坚固,接口时不得强行对口。

⑤ 室内明装主管,管外皮同墙壁抹灰面或装饰面的距离,当管径不大于 32 mm 时为 25～35 mm,管径大于 32 mm 时为 30～50 mm。

⑥ 立管的道卡,当层高大于或等于 3 m 时每层安装 1 个,层高大于 5 m 时每层不少于 2 个,管卡距地面高度为 1.5～1.8 m,2 个以上管卡匀称安装。

⑦ 镀锌钢管只丝扣连接,不得焊接,丝扣连接被破坏的镀锌表面及管螺纹露出部分和埋地部分应做防腐处理。

⑧ 管道支、吊托架的安装位置正确,与管道接触紧密,固定牢固。

⑨ 凡需隐蔽的管道,在隐蔽前做好试水压工作。试水、试压工作有专职检查和建设单位代表参加,试验合格,有关人员签字盖章后,进行下一步工作。管道进行水压试验,试验压力不小于 6 kN/cm²。

排水管道安装工程流程:安装准备→管道预制→干管安装→立管安装→支管安装→闭水试验。

质量要求:排水管道的横管与横管、横管与立管的连接,采用 90°斜通或 90°斜四通立管,与排出管端部的连接,采用 2 个 45°弯头或弯曲半径不少于 4 倍管径的 90°弯头。排水管横管要按规范规定设置清扫口。排水管立管上每 2 层设置 1 个检查口,但在最低和有卫生器具的最高层设置。检查口的朝向便于检修。暗装主管,在检查口处设检修门。排水管道上的钩或卡箍固定在承重结构上,固定件横向间距不大于 2 m,立管不大于 3 m,层高小于或等于 4 m 时立管要有 1 个固定件。排水管道的安装坡度符合规范要求。

**17. 电气工程施工方案**

(1) 电气管线施工

钢管配线的一般要求是应有防腐处理,电线管内外应刷漆。

① 电线管之间一律采用丝扣连接,接头处跨焊 $\phi 6$ mm 圆钢,管子与灯头盒、接线盒之间或金属丝扣护圈连接,连接处同时跨接 $\phi 6$ mm 圆钢。

② 黑铁管之间可采用套管连接,套管长度为连接外径的 1.5～3 倍,连接管的对口应在套管中间,焊口应牢固、严密、满焊。

③ 钢管敷设应与本系统的相应接地网可靠接地,接地电阻应小于 1 Ω。

④ 钢管的弯曲半径必须符合规范要求,暗敷设时不得小于该管直径的 6 倍,埋设于地下或混凝土内,或当明敷设有 2 个弯及以上时,弯曲半径要大于 10 D,管子弯曲处的弯曲度小于 0.1 D。

⑤ 管内穿线面积不得超过管子内截面积的 40%,管内导线不得有接头,管口加套护圈,单线绝缘良好,不伤线芯。

⑥ 穿线工作应在土建抹灰及地面工作结束后进行,穿线前应先除去管内污垢,穿线时加装管口保护圈子,以免损伤电线外皮。

(2) 桥架、母线安装

① 安装条件:要配合土建施工,预留孔洞、预埋件符合设计要求,安装牢固,强度合格。

② 桥架、母线支吊架的安装,固定选用金属膨胀螺栓,一般为 M10 或 M12,支吊架根据设计图纸选用定型产品配套使用。

③ 桥架的配制安装,根据设计要求确定电缆桥架的架设走向,确定安装位置,然后进行线槽的配制和安装。组装桥架要平直,水平误差不大于 5 mm,中心偏差不大于 5 mm,安装要牢固,配件要齐全,所有螺栓拧紧。

A. 电缆桥架安装高度超过 2.5 m 时应搭脚手架,桥架的水平固定支架间距应不大于 1.5 m。垂直支架的设置一般不小于 2 m 间距。

B. 应将桥架盖板拆下分别保管,等到电缆敷设后再集中人力统一装上,以保护现场施工整洁性及产品外观良好。

C. 电缆桥架应具有可靠的电器连接并可靠接地,在通过伸缩缝或软连接处需采用编织铜线连接。

D. 桥架、母线不得在其穿越楼板或墙壁等处进行连接。竖井在管线安装完毕后,应用防火材料层层封堵。

(3) 电缆的敷设

① 准备工作

A. 制定敷设计划,列出电缆清单,准备必要的机具如盘架、起重工具、麻绳,将需要的电缆敷设按序放在指定地点,然后再次核对电缆的规格型号、电压等级和电缆绝缘。

B. 在桥架上或竖井内放电缆,事先还需搭设脚手架。

C. 根据电缆的重量、长度及走向确定施工人数,搞好通信,确保安全施工,会同甲方对电缆进行检查,须有出厂合格证,外表绝缘层完好,无机械损伤、扭曲等现象,绝缘电阻在 5 MΩ 以上。

D. 电缆敷设。电缆敷设前应进行检查,必须是合格产品,规格型号、截面、电压、等级均应符合设计要求,外观应无扭曲、损坏及漏油现象,高压电缆敷设前应进行耐压和泄漏电流试验,符合国家和当地用电部门标准。电缆直埋时,埋设深度不能小于 680 mm,直埋上下应铺不小于 100 mm 的沙层,其上应有混凝土或红砖保护,电缆不能拉得过紧,应有一定的弛度,两端应留有足够的余度,电缆排列整齐,不得交叉。电缆桥架内的电缆应在首端、尾端、转弯及每隔 50 m 处设有编号、型号及起止点等标记,可以无间距敷设,排列应整齐,不应交叉。在桥架内电力电缆的总截面不应大于桥架横断面的 40%,控制电缆不大于 50%,拐弯处电缆的弯曲半径应以最大截面的电缆允许弯曲半径为准,且不小于电缆外径的 10 倍。

② 电缆终端头及中间接头要求:

A. 应有经过培训的熟悉工艺的人员进行,并严格遵守制作工艺规程。

B. 电缆线芯连接金具,应采用符合标准的连接管和接线端子,结合紧密。

C. 电缆线芯与接线端子的连接采用焊接或压接,压接时模具应符合规格和要求。

D. 制作工艺采用热缩型和冷缩型新工艺。

E. 电缆送电前进行绝缘电阻测试并做好记录。

(4) 照明灯具、器具安装

① 开关、插座及灯具安装应位置正确,安装牢固,表面整洁美观。

② 暗插座、暗开关的盖板紧贴墙面,四周无缝隙,灯具的配件齐全、固定可靠,灯具及其控制开关工作正常可靠。

③ 照明配电箱位置正确、部件齐全,箱体开孔合适,切口整齐,暗式配电箱盖紧贴墙面,零线经汇流排连接,无绞连现象,箱体油漆完整,箱内外清洁,箱盖开启灵活,箱内接线整齐,回路编号齐全、正确,箱壳接地良好。

④ 箱、盘、板垂直度,体高 500 mm 以下允许偏差 15 mm,体高 500 mm 及以上允许偏差 30 mm,成排灯具中心线允许偏差 5 mm。明、暗开关和插座的面板并列安装高差小于 0.5 mm,同一场所高差小于 5 mm,板面垂直度偏差不大于 0.5 mm。

⑤ 照明配线应按设计要求的相应分配负荷,尽量三相负荷平衡。

⑥ 插座接线,应符合下列要求:单相两孔插座,面对插座的右孔或上孔与相线相接,左孔或下孔与零线相接。三孔插座右孔与火线相接,左孔与零线相接,上孔与接地线相接。插座的接地端子不应与零线端子直接连接。

⑦ 照明配电箱上应标明用电回路名称,字迹清楚,不易褪色。

(5) 避雷系统及接地系统的安装

本工程属二类防雷建筑。屋面防雷接闪器采用屋顶暗敷避雷带(∟40×40 mm 镀锌

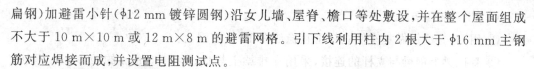

扁钢)加避雷小针($\phi$12 mm 镀锌圆钢)沿女儿墙、屋脊、檐口等处敷设,并在整个屋面组成不大于 10 m×10 m 或 12 m×8 m 的避雷网格。引下线利用柱内 2 根大于 $\phi$16 mm 主钢筋对应焊接而成,并设置电阻测试点。

① 避雷系统安装

避雷针(带)与引下线之间的连接应采用焊接。建筑物上的防雷设施采用多根引下线时,宜在各引下线距地面 1.5～1.8 m 处设置断接卡,断接卡应加保护措施。

A. 配电装置的构架或屋顶的避雷针应与接地网连接,并应在其附近装设集中接地装置。

B. 避雷针(网、带)及其接地装置应采用自下而上的施工顺序,首先安装集中接地装置,然后安装引下线,最后安装接闪器。

② 接地系统安装

A. 接地体(线)的连接应采用焊接,焊接必须牢固、无虚焊。

B. 接地体(线)的焊接采用搭接焊,搭接长度必须符合规范要求。

C. 接地电阻不应大于 1 Ω。

(6)电气调试

① 电气设备安装结束后,对电气设备、低压配电系统及控制保护装置应进行调整试验,调试项目和标准应按国家施工验收规范电气交接试验标准执行。

② 电气设备和线路经调试合格后,动力设备才能进行单体试车,单体试车结束后可会同建设单位进行联动试车并做好记录。

③ 照明工程的线路应按电路进行绝缘电阻的测试并做好记录。

④ 接地装置要进行电阻测试并做好测试记录。

**18. 外脚手架施工方案**

(1)施工部署

① 根据本工程情况考虑采用分段悬挑脚手架搭设方案,从 5 层开始悬挑。

② 立杆底部设纵向 14♯槽钢,立杆均搭设在槽钢上。

③ 悬挑脚手架,横距为 1 m,纵距为 1.5 m,步距为 1.8 m,内立杆距墙面为 250～350 mm。

(2)施工准备

① 技术准备。在脚手架搭设前,安全员、施工员组织外架搭设班组认真阅读施工图,了解工程结构情况,熟悉其内容。认真学习安全操作规程、安全生产规章制度,以及外架搭设要求。安全员要结合本工程实际情况制定外架的搭设顺序,并对班组进行安全技术交底,由班组长传达给每个操作工人。

② 材料准备

A. 准备好搭设外架需要的机械设备和搭设工具。

B. 搭设外架的钢管以及配套扣件,[12、[14b 槽钢及绳索、脚手板、安全网。

C. 电气设备等配套设施准备。

（3）搭设施工方法

① 用 18 号槽钢做基座使立杆垂直稳放在 18 号槽钢上。

② 悬挑梁上钢梁与立杆的连接，采用在排梁上焊接；$L=100$ mm 的 $\pm20$ mm 钢筋，立杆套插在钢筋上，排梁与挑梁也焊接。

③ 严格遵守搭设顺序：摆放扫地杆→逐根树立立杆并与扫地杆扣紧→装扫地小横杆并与立杆和扫地杆扣紧→装第一步大横杆并与各立杆扣紧→安第一步小横杆→安第二步大横杆→安第二步小横杆加设临时斜支撑，上端与第二步大横杆扣紧（在装设连墙杆后拆除）→安装第三、四步大横杆和小横杆→安装连墙杆→接立杆→加设剪刀撑→铺设手板→绑扎防护栏杆及挡脚板，并挂立网防护。

④ 搭设时要及时与结构拉结或采用临时支顶，以便确保搭设过程中的安全，并随时校正杆件的垂直和水平偏差，同时适度拧紧扣件，螺栓的根部要放正，当用力矩扳手检查时应在 $40\sim50$ N·m 之间，最大不超过 80 N·m，连接大横杆的对接扣件，开口应朝架子内侧，螺栓向上，以防进水。

⑤ 双排架的小横杆靠墙一端要离开墙面 $50\sim100$ mm，各杆件相交伸出的端头均要大于 100 mm，以防杆件滑脱。

⑥ 剪刀撑的搭设要将一根斜杆扣在立杆上，另一根扣在小横杆的伸出部分；斜杆两端扣件与立杆节点的距离不大于 200 mm，最下面的斜杆与立杆的连接点离地面不大于 500 mm，剪刀撑杆件与地面呈 45°角，水平距离每隔 9 m 设置 1 排剪刀撑。

⑦ 随砌墙随即设置连墙杆与墙锚拉，连墙杆的支点（水平方向每 4.5 m、垂直方向每 3.6 m 设一拉结点，其中无墙处竖向每 3.8 m 设置）。

（4）拆除施工方法

① 划分作业区，周围设围栏或竖立警示标志，地面派专人指挥，严禁非作业人员入内。

② 高处作业人员必须戴好安全帽，系安全带，扎裹脚，穿软底鞋。

③ 拆除顺序遵循由上而下、先搭后拆、后搭先拆的原则依次进行，严禁上下同时进行拆除作业。

④ 拆立杆时，应先抱住立杆再拆开最后 2 个扣，拆除大横杆、斜撑、剪刀撑时，应先拆中间扣，然后托住中间，再解立头扣。

⑤ 连墙点随拆除进度逐层拆除，拆抛撑前应设置临时支撑，然后再拆抛撑。

⑥ 拆除时要统一指挥，上下呼应，动作协调。当解开与另一人有关的结扣时，应先通知对方，以防对方坠落。

⑦ 大片架子拆除前应将预留的斜道、上料平台、通道小飞跳等先行加固，以便拆除后能确保其完整、安全和稳定。

⑧ 拆除时如附近有外电线路，要采取隔离措施，严禁架杆接触电线。

⑨ 拆除时不要碰坏门窗、落水管等物品。

⑩ 拆下的材料应用绳索拴住，利用滑轮徐徐下运，严禁抛掷。运至地面的材料应按指定地点随拆随运，分类堆放，当天拆当天清，拆下的扣件要集中回收处理。

⑪ 拆架过程中不得中途换人。如必须换人,应将拆除情况交代清楚后方可离开。

（5）安全生产措施

① 搭设前,按施工组织设计中有关脚手架的要求逐级向架设和使用人员进行技术交底。

② 施工脚手板在作业层上下应满铺,每片要有 4 点用 16 号铅丝与大横杆绑牢。

③ 设置防护栏杆和挡脚板,在脚手架外侧（外立杆的里侧）用不小于 18 号铅丝张挂密目式安全网。

④ 设置安全的人行通道和运输通道。

⑤ 在架面上运送材料经过在作业中的人员时,要发出"请注意""请让一让"等信号,材料要轻搁稳放,不许采用倾倒、猛磕或其他匆忙卸料方式。

⑥ 严禁在架面上打闹戏耍、退着行走或跨坐外防护横杆,不要在架面上抢行、跑跳。

⑦ 按规定设置灭火器材,禁止无关人员进入危险区域。

⑧ 载荷单位面积每平方米不超过 270 kg。

⑨ 对材料进行严格检查,不合格的不得使用。

⑩ 杆件搭接接卡要错开,扣件不能用铁丝,搭接长度不小于 100 cm（底部立杆用不同长度钢管参差布置）。

⑪ 严格遵守操作规程并定期检查和不定期检查,按要求填写检查表,履行检查签字手续,对查出的问题及时整改。

（6）文明施工措施

① 搭、拆有关材料按规定堆放有序,严禁乱扔乱放、野蛮操作。

② 严格按要求张挂密目式安全网。

③ 设置好防护栏杆和挡脚板,封严非出入口及通道两侧。

④ 按设计布置消防器材。

⑤ 对人或物构成安全威胁的地方必须搭防护棚,设置警示牌。

⑥ 所有职工都按规定穿戴,挂牌上岗。

（7）季节施工措施

① 夏季高温天气

A. 避开中午高温时段施工。

B. 配备足够、常用的抗暑物资、防护物品,以防中暑和灼伤。

② 冬季寒冷天气

A. 做好保暖防护工作,以防手脚冻僵而影响正常操作。

B. 扎好绑腿以防钢管钩挂而发生事故。

C. 霜冻天气做好除霜、防冻、防滑工作。

③ 雨季天气:雨季施工前先检查避雷设置是否正常、合理。

（8）保养与验收

① 架子搭设和组装完结,在投入使用前,逐层流水段由主管工长、架子班组长等一起组织验收。验收时,必须有主管审批架子施工方案一级的技术和安全部门参加,并填写

验收单。

② 验收时,要检查架子所使用的各种材料、配件、工具是否符合现行生产厂家和部门颁发的标准、各有关规范的规定,以及是否符合施工方案的要求。

③ 验收的具体内容

A. 架子的布置,立杆、大小横杆间距。

B. 架子的搭设和组装,包括工具架起重点和选择。

C. 连墙点或与结构固定部分是否安全可靠,剪刀撑、斜撑是否符合要求。

D. 架子的安全防护、安全保险装置是否有效,扣件和绑扎拧紧度是否符合规定。

E. 脚手架的起重机具、钢丝绳、吊杆的安装等必须安全可靠,脚手板的铺设应符合规定。

### 19. 外脚手架计算书

(1) 荷载计算(取 1.5 m 计算单元,12 步)

脚手架自重:166 N/m² × 1.8 × 1.5 × 12 = 5 378.4 N

构配件自重:(100 N/m² × 1.05 m × 1.5 m + 60 N/m × 1.5 m) × 12 = 2 880 N

施工活荷载:3 000 N/m² × 1.05 m × 1.5 m = 4 500 N

荷载组合:立杆的轴向力

$$N = 1.2(N_{G1K} + N_{G2K}) + 1.4 \sum N_{QK}$$

$$= 1.2 \times (5\,378.4\ \text{N} + 2\,880\ \text{N}) + 1.4 \times 4\,500\ \text{N}/2$$

$$= 9\,910\ \text{N} + 3\,150\ \text{N}$$

$$= 13\,060\ \text{N}$$

(2) 立杆稳定性计算

$\phi48 \times 3.5$ 钢管截面特性:$A = 489\ \text{mm}^2$,$W = 5.08\ \text{cm}^3$,$i = 1.58\ \text{cm}$

计算长度:$L_0 = kuh = 1.155 \times 1.50 \times 1.8 = 3.12\ \text{m}$

$$\lambda = L_0/i = 197$$

查表得  $\varphi = 0.186$

$N/(\varphi \cdot A) = 16\,210/(0.186 \times 489\ \text{mm}^2) = 143.6\ \text{N/mm}^2 < [f] = 205\ \text{N/mm}^2$

满足要求。

(3) 悬壁挑梁计算

14♯槽钢 $h = 140\ \text{mm}$,$b = 60\ \text{mm}$,$d = 80\ \text{mm}$,$t = 9.5\ \text{mm}$,$r = 9.5\ \text{mm}$

$A = 21.32\ \text{mm}^2$,$W_x = 87.1\ \text{cm}^3$,$I_x = 609\ \text{cm}^4$,$i = 5.35\ \text{cm}$

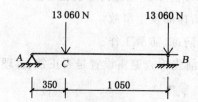

$\sigma = 13\,713\ \text{N}/(87.1 \times 1.01) = 157\ \text{N/mm}^2 < [f] = 215\ \text{N/mm}^2$

满足要求。

(4) 斜支撑计算

$\theta = 20.7°$

$N_{B0} = R_B / \cos\theta = 16\ 325/0.935 = 17\ 460\ \text{N}$

采用 12# 槽钢，$A = 15.362\ \text{cm}^2$，$i = 4.75\ \text{cm}$

$L = 1.4^2 + 3.7^2 = 3.96\ \text{m}$

$\lambda = L/i = 396/4.75 = 83.4$

查表得　$\varphi = 0.704$

$N_{Bo}/\varphi A = 17\ 460/12.748 \times 10^2 \times 0.704 = 19.45\ \text{N/mm}^2 < [f]$
$= 215\ \text{N/mm}^2$

采用 12# 槽钢安全。

《外脚手架搭拆安全施工方案》中有详图及验算数据。

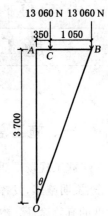

# 第三章

## 施工现场总平面布置

### 一、施工总平面布置图及管理

施工现场平面布置的精心设计、严格管理和认真实施,既是贯彻施工方案,确保安全、文明施工,发挥施工机械使用效率的关键,又是宣传企业文化和形象,提高企业知名度的有效途径。本工程施工现场的平面布置根据《合同文件》要求和对现场踏勘情况,本着"经济、科学、合理、适用、文明"的原则进行,施工中将不断地结合现场的动态情况进行调整,分段布置,最大限度地发挥现场平面管理的作用。

**1. 布置原则:科学、合理、文明、规范**

(1) 实行生产区分块分片管理,责任到人,以便管理。

(2) 现场进行硬化,建立有效的排污系统,确保现场整洁。

(3) 现场分阶段布置,现场设环形通道,确保运输畅通。

(4) 充分考虑周边环境,做好防护、亮化、绿化、美化工作。

**2. 标化管理:科学规范,卫生整洁**

(1) 标化管理的日常工作由标化负责人与物管员组织实施。

(2) 实行项目经理审核的平面图管理:划区包干,材料标识堆放。

(3) 门前道路轮流值班,定时打扫,每周检查评比。

(4) 生产区挂牌施工,谁做谁清,随做随清,工完料净现场清,以组为单位实行旬查考核。

(5) 施工大门净化(门前三包),亮化(六牌一图),24小时值班,管理人员、职工挂牌上岗。

### 二、具体布置设想

**1. 三通一平**

(1) 供水:施工临时用水和生活饮用水水源从甲方指定地点接入,经过项目部临时总水表分两路支管,分别接至施工区和临时宿舍区;干管沿途设阀门,强化用水控制。

(2) 排水:生活和施工污水严禁直接排在现场或向外排泄。现场挖临时排水沟(砖砌暗沟),沟盖采用钢筋混凝土盖板,最深处大于 200 mm,流水坡度 1.5%。具体流向为:厕所污水经化粪池处理后排出;搅拌站的污水经沉淀井过滤后排出;一般生活用水及混凝土养护用水直接排放。

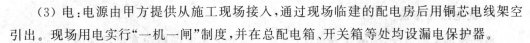

（3）电：电源由甲方提供从施工现场接入，通过现场临建的配电房后用铜芯电线架空引出。现场用电实行"一机一闸"制度，并在总配电箱、开关箱等处均设漏电保护器。

现场用电采用三相五线制，施工现场专用的终端点直接接地的电力线路必须采用TN－S接零保护系统，电气设备的金属外壳必须与专用保护零线相接，并按规定色标要求接线。

（4）场地：主要临时道路用80 mm厚C20素混凝土硬化；施工道路形成环形，施工道路宽3 m，达到道路平整清洁，材料运输畅通无阻。

**2. 施工临时设施布置**

本工程临时设施包括办公用房、生活用房、生产用房、围墙、大门等。

（1）办公用房：项目部总办公室2层彩钢板8间。

（2）生活用房：宿舍区集中布置在东面围墙边，并配置厕所、沐浴房、门卫，食堂设在宿舍用房旁边。

（3）生产用房：钢筋、木模加工均以现场为主，分别布置钢筋、木模加工场。具体见施工现场平面布置。

（4）围墙、大门：围墙、大门及入口处均按公司形象策划的标准进行布置，以树立鲜明的公司特色和良好的社会形象。

**3. 施工现场材料堆放布置**

材料堆放地点的合理选定可以影响整个工程的施工进度，减小施工成本。现场材料堆放场地的设置根据"进料方便，搬运、加工方便，使用方便"原则，砂、石堆场主要布置在搅拌站、塔吊附近，钢材、木模堆场主要布置在钢筋加工场、木工加工场附近。

**4. 安全、消防措施**

工程四周用砖砌围墙围护，在木工棚、钢筋作业棚明火区域、仓库、办公生活区、门卫等分别配装灭火器、砂箱等以防火灾。

## 三、施工水电平面布置

**1. 施工用水管线布置**

业主提供的水源接口，现场四周均敷设DN50水管暗道并形成环网，每个施工区块留置2个DN50头子，一个用于上部楼层施工用水，一个接入消防水池，并每隔20 m设一个地面消防栓头子。

为满足楼层施工用水和消防用水需要，每个施工区块设置1台增压泵向上供水。

临时给水系统说明：

（1）供水方式采用水泵与水箱结合，由水泵向上直接供水。

（2）为保证可靠供水，水泵房内设置1台泵使用，1台泵备用。

（3）水泵控制采用水位控制器，根据水箱水位来控制水泵的运转和停止。

（4）主楼每层预留一处供水口，使用中按平面要求引支管至各用水点。

### 2. 配电线路布设

根据现场实际情况,为确保安全生产,室外部分采用电缆敷设在电缆沟内,过道路处电缆加套钢管保护,楼层干线预埋套管,电缆穿在管内,每 2 层设置 1 只二级分配电箱,临时设施内固定用电器电缆穿在护套管内,不得外露,室内照明线路电线采用 PVC 护套管,室内临时照明线路采用三芯橡胶电缆。

本工程施工用电设施按照 JGJ 46—2005 规定,布电线路、配电箱、用电设备一律按 TN-S 三相五线制进行布线。

变电房配电屏与现场供电系统间须设置隔离开关以便检修,并安装电度表作为计量。施工现场设置总配电箱,架空线路送至总配电箱,配电箱和开关箱须由同专业生产厂家生产,并有合格证明。

现场施工用电实行三级配电,二级保护。配电箱应尽可能放置在干燥通风处,室外电箱要有挡雨措施。配电箱、开关箱应安装端正、牢固,移动式配电箱、开关箱应装在紧固的支架上,固定式配电箱和开关的底距地面应为 1.7 m,移动式配电箱、开关的底距地面应为 1.3 m 或 1.5 m。分配电箱应设置在荷载较为集中区域,分配电箱距开关的距离不大于 30 m。开关箱与其控制的用电设备的水平距离不大于 3 m,配电箱和开关箱周围应有 2 人可同时工作的空间,不得堆放其他物品。配电箱、开关箱内的工作零线应与接线端子板连接,并应与保护零线端子板分设。配电箱、开关箱的金属箱体、金属电器安装板以及箱内电器不应带电的金属底座、外壳等必须作保护接零,保护零线应通过接线端子板连接。配电箱、开关箱内的连接线应采用绝缘导线,接头不得移动,不得外露有电部分。配电箱、开关箱导线的进出线口设在箱体的下底面,进出线应加护套分路成束并做防弯,导线束不得与箱体进出口直接接触。移动式配电箱和开关箱的进出线必须用橡皮绝缘电缆。动力配电箱与照明配电箱应分别设置。所有配电箱应标明编号、名称、用途,并做分路标记。所有配电箱门应配锁,由专人负责。

（1）总配电箱

总配电箱应装设总隔离开关、分路隔离开关和总分路熔断器。若漏电保护器同时具备过负荷和短路保护功能则可不设分路熔断器。总开关电器的额定值应与分路开关相适应。总配电箱漏电保护器的额定漏电动作电流不得大于 75 mA,额定漏电动作时应小于 0.1 秒。

（2）分配电箱

分配电箱应安装总隔离开关和分路隔离开关以及总熔断器和分路熔断器,分路隔离开关的数量应由该分配电箱控制用电设备的数量来决定,分配电箱和各分路应安装漏电保护器,其开关的额定值应与相应开关箱额定值相适应,分配电箱漏电动作电流不得大于 50 mA,额定漏电动作时间应小于 0.1 秒。

（3）开关箱

每台用电设备应有各自专用的开关箱就近设置,距用电设备水平距离不大于 3 m。做到一机一闸一保并设有过载保护装置,禁止用同一个开关电器直接控制 2 台或 2 台以上设备,开关箱内的开关电器必须能在任何情况下都可以使用,用电设备与电流实行隔离。开关箱中必须装设漏电保护器,其开关的额定值同用电设备相适应,开关和漏电动作电流不得小于 30 mA。额定漏电动作时间应小于 0.1 秒。照明开关箱应单独设置,也应实行一闸一保。

(4) 三级保护措施

即在总配电箱或配电柜以下设分配电箱,分配电箱以下设置开关箱,最后从开关箱接线到用电设备。总配电箱设在靠近电源的区域,分配电箱设在用电设备或负荷相对集中的区域,分配电箱与开关箱的距离不得超过 30 m,开关箱与其控制的固定式用电设备的水平距离不宜超过 3 m。施工现场应按"一机一箱一闸一漏"设置,即每台用电设备必须有各自专用的开关箱,严禁用同一个开关箱直接控制 2 台及 2 台以上用电设备(含插座),每个开关箱里必须设置有 1 个闸刀开关和 1 个漏电保护器。

(5) 用电机械设备和手动电动工具

施工现场所使用的机械设备和手动电动工具均应符合国家标准、专业标准和安全技术规程,且要有产品合格证和使用说明,用电机械设备须由专业电工负责安装。非专业人员不得安装和拆除用电电器设备。电动机械要做好保护接零,但其电源线必须选用无接头的多股铜芯橡皮护套软电缆,其中黄/绿双色线在任何情况下只能用于保护零线或重复接地线。电焊机进线处必须设有防护罩。

### 3. 现场施工照明

现场施工用照明须装设单独的照明开关箱,不能与动力箱混合使用。施工区照明采用橡胶电缆,生活、办公区照明用护套线或用铜芯线加套管及穿墙用套管护套,灯头线可用交织线。

(1) 施工照明

在主体结构施工阶段,在塔吊上安装 2 盏 3.5 kW 钠灯,用于大面积照明。局部照明采用1 kW碘钨灯,增加光照亮度。主体结构完成后,砖墙和粉刷阶段采用碘钨灯照明,室内上、下人楼梯通行,其照明均采用 36 V 安全电压,且选用橡胶防爆灯头。

(2) 办公、生活区照明

职工集体宿舍照明,在夏季考虑到天气炎热,职工宿舍内防暑降温需要,采用 220 V 电压照明,每个宿舍设 1 个插座作电扇之用。在其他季节,职工宿舍改用 36 V 安全电压供电,可有效防止使用除照明之外的其他电器。办公室、仓库等均采用 220 V 电压作照明,每间装设 1 个插座。

### 4. 施工现场的修理和维护

施工现场用电由项目专业电工全面负责管理和维护,所有配电箱、开关均应标明名称、用途、统一编号,在配电箱内标明分路标记,方便维修。所有配电箱、开关门均应上锁,配电箱由专业电工负责,开关箱由用电设备操作人员和电工负责。施工现场停止作业 1 小时以上或下班时应将开关箱断电上锁。

配电箱、开关箱应保持清洁,不得放置杂物。每个配电箱、开关箱建立维修记录本,每 10 天检查、维修 1 次,并登记在卡,检查、维修人员必须是电工。检查、维修时按规定穿戴绝缘鞋和手套,而且须将前一级相应的电源断电;悬挂停电检修标志牌,严禁带电作业。

## 四、工程监控系统方案布置

### 1. 监控系统方案

根据项目部自上而下对承接本工程的决心,以及创本工程文明标化工地及施工安全的需要,结合本工程规模以及工程在诸暨市经济、文化等方面的重要性,项目部决定在工程施工中采用工地现场监控系统。随着社会的发展,经济的繁荣,建设速度的加快,技术要求的提高,工地管理的日趋规范,实施技术防范措施,通过使用闭路电视监控系统,使用现代高科技技术手段,实现直观地提供各种现场对于提高管理水平、动态控制现场、及时监控施工质量、加强治安保卫、消除事故隐患、防止意外发生等,越来越证明现场采用电视监控系统的重要性,它的应用是管理水平提高的重要标志。

项目部结合公司对施工现场的具体要求,更好地落实建设区域的安全工作,我们对工程施工安全防护系统设计为区域内各主要施工工作面,在重点位置设计安装全方位闭路电视监视系统,通过这套系统,管理人员就能对监控区域进行不间断的全方位监控,这样,对整个工程的创优工作起到很大作用。

### 2. 设计原则及依据

该系统以治安中心控制室为核心,以闭路电视监控系统对区域内进行全天候 24 小时监控。该系统依据公安部公共行业标准《公安安全防范工程程序与要求》(GA/T 75—92),以及建设部、公安部颁布的有关条例及建设单位提供的设计图纸和房屋结构、平面布局。

### 3. 电视监控设计与布局

根据区域的实地情况,对监视区进行 24 小时全天候监控,共设计安装 3 台黑白摄像机,带手动可变镜头,室外全方位水平云台。

总塔吊上方,以固定方式安装 2 台日本富士通黑白摄像机,1 台室外防护罩,配以日本康普特十倍可变镜头,主要监视大楼施工作业情况、施工质量及人员活动情况。

在上人电梯上方、临时办公室外各安装 1 台日本富士通黑白摄像机,配 1 台台湾利凌 PIH—301 室外全方位云台,并配以日本康普特十倍可变镜头,1 个室外防护罩,主要监控地面人员的工作情况及附近人员活动情况。

### 4. 监控设计特点

本系统共有 4 台摄像机,3 个全方位水平云台,3 个物动可变镜头,信号输入到八通道图像分割器上,控制系统处理后的信号送入日立 VT—LI100 长时间录像机上进行录像以备以后使用,黑白监视器进行一对一显示。

## 五、施工现场平面管理

根据施工总平面设计及各分阶段布置,以充分保障阶段性施工重点、保证进度计划的顺利实施为目的,在工程实施前,制定详细的大型机具使用、进退场计划,主材及

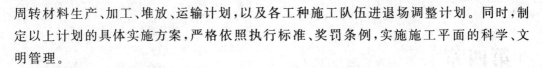

周转材料生产、加工、堆放、运输计划，以及各工种施工队伍进退场调整计划。同时，制定以上计划的具体实施方案，严格依照执行标准、奖罚条例，实施施工平面的科学、文明管理。

### 1. 平面管理体系

由1名施工员负责总平面的使用管理，现场实施总平面合作调度会制度，根据工程进度及施工需要对总平面的使用进行协调，总平面使用的日常管理工作由该施工员负责。

### 2. 平面管理计划的制定

施工平面科学管理的关键是科学的规划和周密详细的具体计划，在工程进度网络计划的基础上形成主材、机械、劳动力的进退场、运输、布设网络计划，以确保工程进度，充分、均衡地利用平面为目标，制定出符合实际情况的平面管理实施计划。同时，将该计划输入电脑，进行动态调控管理。

### 3. 平面管理计划的实施

根据工程进度计划的实施调整情况，分阶段发布平面管理实施计划，包含时间计划表、责任人、执行标准、奖罚标准。计划执行中，不定期召开调度会，经充分协调、研究后发布计划调整书。施工员负责组织阶段性和不定期的检查监督，确保平面管理计划的实施。

# [第四章]
# "四新"技术及创优质量控制

## 第一节 "四新"技术及应用

为实现本工程科技进步目标,确保工程达到国家现行施工质量验收合格标准并按期完工,使项目部在诸暨市创出名牌,树立形象,展示风采,在工程的整个施工过程中将采用多项新技术、新材料和新工艺,以提高工程质量、施工速度和经济效益。

"四新"技术的应用:

(1)采用新型模板

框架柱、梁侧模及现浇楼底模采用高强度九夹板支模。该模板具有施工简便、稳定性好、周转快、混凝土成型质量好等特点,并且具有强度高、幅面大、重量轻、易脱模和耐水、耐磨、耐腐蚀、平整光洁等特点,可较大提高混凝土成品的质量和施工进度。

(2)粗钢筋连接技术

对±0.000以上主体结构规格在 φ16 mm 以上竖向钢筋,宜采用电渣压力焊连接技术,以确保连接质量,降低工程成本。对于梁、板、墙等水平方向 φ14 mm 以上的钢筋接头,宜采用闪光对焊。

(3)散装水泥应用技术

立窑散装水泥具有质量好、周转快、成本低、浪费量小和储存、使用方便等特点,对稳定工程质量、加快施工进度、降低施工成本起到积极作用。

(4)现代管理技术和计算机应用

应用现代管理技术和方法,结合本公司 ISO 9002 贯标措施,提高建筑材料企业管理水平,有助于提高工程质量,加快工程进度,提高社会效益和企业经济效益。

工地配置 3 台电脑和必要的软件系统。2 台用于预决算、财务管理和工程画图及施工组织设计、技术交底等,1 台用于监控现场施工(电子监控手段),包括质量、进度、安全、文明情况。

对钢筋翻样及优化下料、模板配制及优化设计均用微机进行调控。

施工现场设置广播系统,宣传教育。加强通讯联系,及时调配人员,处理应急事宜。

加强职工培训上岗,提高管理素质和技术素质,建立健全并定期考核项目部部门职责和岗位职责。

严格实施本公司发布的 ISO 9002 质量手册和程序文件。

积极推广应用工程建设项目管理技术信息化、标准化、规范化,使本工程达到质量优、工期快、效益好的管理目标。

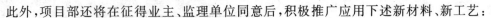

此外,项目部还将在征得业主、监理单位同意后,积极推广应用下述新材料、新工艺:

(1)建筑节能新技术。

(2)建筑防水工程新技术。

(3)混凝土养护积极推广应用喷雾养护剂,达到封闭混凝土表面的作用,防止早失水,从而提高混凝土强度。

(4)积极采用砖砌体砂浆掺木质素,达到改善砂浆稠度、节约水泥、减小劳动强度等目的。

(5)采用先进的砌墙法,从而减轻劳动强度,提高工作效率,确保工程质量。

# 第二节 工程创优质量保证措施

## 一、质量管理控制体系

质量是"产品、过程或服务、满足规定或潜在要求的工程的总和",而工程质量对施工方、业主方、监理方而言,产品就是经过几方合作完成建筑物项目;过程就是从无到有的施工建造;服务就是为业主着想多快好省地完成施工任务使业主满意;规定指对工程质量的国家所制定的验收规范及标准;而潜在要求是指在施工中尽量按业主或设计对工程修改、方法等进行操作,使工程达到业主的满意程度。

本工程将严格按规范化极强的质量体系文件 ISO 9002 进行操作,以贯彻和实施ISO 9002标准,加强项目质量管理,提高工作质量,从而达到项目部提出的质量目标,达到项目部提出的质量承诺,真正做到"质量第一,服务周到,业主满意"。

### 1. 施工过程精品管理

建精品工程必须从方案设计开始——设计优秀的施工方案,设置最佳人员分布与配置,设计合理的权责分工等,用心"设计"打造一条轮廓清晰的"流水线",使新工程从流水线上理性而又清晰地起步,然后一步一个脚印走向现实。

在施工开始之前,项目领导班子组织相关人员学习"钱江杯"评比条件,然后将"创杯"目标分解,进行工程分部创优的工艺方案设计。同时,依据设计文件,根据国家现行施工规范和不同施工阶段的不同特点,结合本工程的实际情况,对各工序过程的施工顺序、岗位责任、材料选用、施工标准、工作记录、完成时间等要素的明确和限定,优化工序过程,使工序过程更加合理简单,进而最大限度地发挥操作者的施工效率。

项目自开工初始就明确项目各个部门和岗位的职责,分层落实责任,遵循"凡事有章可循,凡事有据可查,凡事有人负责,凡事有人监督"的管理工作方针,制定"工序样板制""施工挂牌制""质量三检制"等施工管理制度,对每一个工作过程从管理人员到工人都清楚如何从严要求,都有人严格把好工作质量关。要求"过程精品"成为每个员工的自觉行动,从而确保整个工程实行"创杯工程"的质量目标。

加强施工人员的质量意识教育,不断提高过程质量管理水平,使得主要人员从感性认识上加深了解"创杯工程"的质量要求。

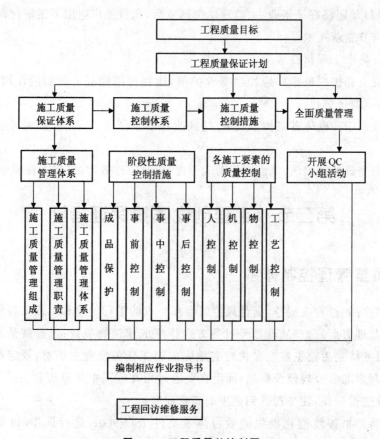

图 4-1　工程质量总控制图

建立分项(工序)样板制。即在分项(工序)施工前,由项目部专业责任人依据施工方案和技术交底,现行的国家规范、标准要求,组织配属队伍的责任班长进行分项(工序)样板施工。为保证分项、检验批质量,在施工前项目部先制定了工序施工时的难点、重点,下发到配属队伍责任工长和班组长手中,让他们做到心中有数,有重点地进行交底、检查、控制,从而减少质量问题产生的可能性。

建立"施工部位挂牌"制。要求配属队伍在每个施工部位挂牌,注明施工责任人、部位名称、质量监督人、班组长姓名、施工质量状况等,对质量情况予以曝光,以督促各责任人严把施工质量关。同时,对连续 2 次发生质量问题的无论问题大小都给予一定的处罚,直至清退出场。

严把物资采购、进场关,保证施工用材料的质量。做到凡是进入现场的物资都必须根据要求出具出厂合格证、检验报告、复试报告、材质证明、准用证等相关技术、质量保证资料,经项目技术、质量、材料 3 个部门认可后方能使用。

严格质量三检制,对不合格检验批、工序坚决予以处理,对不符合质量标准的坚决予以返工,绝不姑息迁就。项目部从大处着眼、小处着手,从细小处抓起,要求工地形成"4 个一样"的工作作风,即"大事与小事一个样,外表与隐蔽工作一个样,分内与分外一个样,查与不查一个样"。在贯彻实施 ISO 9002 标准的同时加强动态管理,对质量问题做到定人、定时、定措施落实整改,并将质量问题分析制定预控和防范措施,杜绝再次发生同样质量问题。

**2. 质量方针**

经认真学习所有本工程相关文件,项目部确立本工程的质量方针为"质量至上,技术为本,全面协调,服务到位"。

质量至上:自项目部至作业队每个成员,牢牢树立"质量至上"理念,职工进场首先进行质量三级教育,建立质量记录跟踪卡。项目部按 ISO 9002 要求建立一整套的质量保证制度,根据质量体系构成要素建立预控措施和对策表,进行有效的目标管理,把"质量至上"落到实处。

技术为本:选择合理、严格、先进的施工方案是确保工程质量和进度的先决条件,而只有在进度有了技术保证的前提下,才能反过来推动总进度内的"慢工出细活",才能保证每个节点进度。图纸会审、资料管理、专职检查、设备投入和更为先进的工艺机械、检测器具等的运用是"技术为本"的具体手段。

全面协调:负责工程所有内容的协调——以土建为主体,室内装饰、水电暖风安装进行总协调;业主部门的协调——负责协调与建设单位、监理单位、设计单位的关系;工程相关部门的协调——负责协调与各政府有关部门的关系,如质监站、派出所、环卫所、市政、市容、交通、环保等部门。

服务到位:处处为业主着想,严守合同,将各项质量标准贯彻落实到位,对业主的任何质量信息自觉反馈到位,各项对应措施到位,建立用户回访和保修制度,建立用户回访信息卡。

# 二、质量保证计划

本项目质量保证计划包括下列工作程序:

(1) 合同管理。

(2) 文件和资料管理。

(3) 采购管理。

(4) 业主提供产品的控制。

(5) 产品标识和可溯性控制。

(6) 施工过程控制。

(7) 不合格的控制。

(8) 半成品和成品保护。

(9) 工程质量检验和验证。

(10) 质量文件记录。

(11) 培训。

(12) 检验、测量和检测设备控制。

(13) 工程安全和责任。

(14) 维修、回访工作。

### 1. 合同管理

项目经理在收到合同后应召集项目经理部人员学习合同,了解并取得在投标阶段合同评审的全部报告文件,组织项目经理部主要人员,根据投标文件和施工图纸清楚地了解合同要求及确保项目部有足够资源按时、保质地完成合同。发觉有问题时,应按授权范围与业主讨论和磋商,澄清问题,签订备忘录或补充合同。

备忘录及补充合同是对原合同的又一次评审,应就其过程进行记录(如每周工程例会记录、与业主洽谈记录、内部讨论、评审意见)并交由项目资料员保管,重要的备忘录及补充合同报总部评审。合同签订后报一份给公司经营处,特别重要的再报一份给公司经理。有关资源、工期的条款应另报生产科一份,有关资金条款另报财务部一份,有关材料条款另报建筑材料科一份,有关机电设备安装条款另报机电设备安装科一份。

所有合同的备忘录及补充合同正本必须存档,签订合同过程中的全部评审内容由项目专人负责存档。

### 2. 业主指令处理

凡项目各职能部门收到业主或监理指令后,先由项目专人登记,然后交项目经理处理。项目负责人收到业主或监理指令后,按合同规定的范畴,按流程进行处理。

项目负责人应注意下列因素并进行处理:是否涉及图纸的变更、修改;是否涉及本项目施工上缺陷的更正;是否涉及技术难度、施工方案的变化或改进或纠正;是否涉及工程质量问题;是否涉及工期的拖延及造成的经济损失;是否涉及安全、文明施工、环境保护问题;是否涉及施工人员的服务态度及保修期内的问题;是否涉及政府法律、法规、法令的问题;是否涉及需要额外材料的问题。

凡涉及上述问题,项目经理应及时与各有关部门联系,需更改合同内容的经有关人员评审起草补充合同或备忘录,经项目经理签字有效。

补充合同及备忘录由项目经理部报公司资料员存档。

### 3. 物资采购管理

项目部尽量选择已经分公司材料科评审的材料供应商,特殊情况下,应先会同材料部门完成供应商的考察、评定工作,才能进行物资采购。

对工程分包方或劳务分包方应进行严格选择、评价和控制,使分包方能按质、按期完成所分包的工程。

对物资进行计划控制、质量控制。

### 4. 编制材料质量大纲内容

(1)对应遵守的技术规范、设计图纸和订货单的要求及业主合同文件中对材料的规定。

(2)选择合格的供方,关于质量保证的协议,关于检验方法的协议,进货检验计划和进货控制,进货质量记录。

### 5. 业主提供的产品控制

(1)适用范围

本项质量保证计划中业主提供的产品指业主自行采购的建筑材料、设备,业主指定分供方提供的建筑材料、设备及业主指定的工程分承包方。本质量保证计划中的"业主提供的产品控制"按项目部《顾客提供产品的控制工作程序》,明确验证、标识、储存、维护、管理和不合格品处理规定,防止误用、混用和管理失控。

本章程序适用于业主提供物资和指定分承包方的管理。

(2)职责

① 项目经理部负责业主提供物资管理与工程分承包管理的实施,并按程序执行。

② 在合同中明确业主提供物资的项目、数量、规格及质量要求。

③ 验证按规范或合同规定,对合格与否加以标识并处置。

④ 按物资储存要求进入分类、入库和保管,对丢失、损坏或不用情况加以记录并报告顾客。

⑤ 业主指定的工程分承包方的管理纳入工程分包管理内容。本公司及项目部的验证不能免除业主提供可接收产品的责任。不能因业主指定分承包方而减轻提供合格建筑产品的责任。

### 6. 产品标识和可追溯性

(1)项目经理部和项目有关职能部门为产品标识的实施部门,在工程项目施工、安装、交验阶段,对原材料、工程设备、预制件、半成品和交付全过程进行书面标识或现场标识。

(2)围绕质量检验及评定标准编制质量检验项目划分表。

(3)采用文件记载、标签和软件的形式。

(4)每个标识对象的标识是唯一的。

(5)当合同有特殊要求时,按合同规定标识。

(6)在接收、施工、安装和交付过程中符合标识移动的控制。

(7)满足业主对工程质量追溯性的要求。

## 三、过程控制

在施工过程中,对各项影响施工质量的因素实施有效控制,确保生产出符合设计和规范质量要求的工程。

### 1. 落实现场质量责任制

(1)对全场明确的责任区域进行划分,建立并执行质量奖罚制度。

(2)对原材料、构配件进行严格管理,并保证其可追溯性,实施定额管理。对设备能源实施控制,按规定进行维修和保养。

(3)加强施工中使用文件的管理,制定内控质量标准,贯彻以样板指导施工的原则,贯彻并加强工艺纪律的管理,明确衡量贯彻工艺纪律的标准,制定工艺纪律检查与评定办法。制定对工艺更改的控制与管理办法,明确规定工艺更改的责任和权限。

(4)在更改文件中应注明由此引起的工具、设备、材料变更的实施程序,以及所引起的工序与工程特性之间的变化和有关职能的工作与责任。

### 2. 文明施工与均衡生产

文明施工包括文明操作、文明管理、环境卫生、定置管理创造文明施工环境,保证工程质量,推行定置管理,优化人流、物流,提高工效和质量。

做好生产管理工作,进行均衡生产,开展经常性的 QC 小组活动。施工项目 QC 领导小组应把全面管理工作与日常管理工作结合起来,坚持经常开展活动,落实协调。各管理职能 QC 小组和施工现场 QC 小组应在工程项目质量领导小组统一管理下有计划、有目标的开展活动。

### 3. 工序管理点

管理点的设置原则:

(1) 管理点应设在质量目标的重要项目、薄弱环节、关键部位和施工部位需要控制的重要环节上。

(2) 管理点应设在对影响工期、质量、成本、安全、材料消耗等重要因素环节上。

(3) 管理点应设在采用新材料、新技术、新工艺的施工环节上,在质量信息反馈中或缺陷频数较多的项目设管理点。

### 4. 不合格品(项)的控制

(1) 适用范围

适用于原材料、半成品、工程设备及施工全过程中不合格品(项)的控制,也适用于项目部接收的分承包方和顾客提供的不合格品控制。

(2) 要求职责

① 由项目部材料设备部门负责对物资不合格品的管理实施;

② 由项目部经理室和技术、技监部门负责对施工过程中不合格项的管理实施;

③ 标识、记录和隔离。经检验、试验确定的不合格物资由检验或试验人员按要求进行标识、记录,由项目部进行隔离。

④ 经检验、试验判明为不合格项的过程,由检验或试验人员按要求在相应文件上进行记录、标识,后序施工停止。

⑤ 不合格品(项)不得擅自放行和转序。

(3) 不合格品(项)的评价

及时由有关人员(材料、设备部门负责对物资不合格的评审;技术、技监部门负责对施工过程不合格的评审)对不合格品项进行评审,针对工程的使用功能、性能、安全以及其他对质量影响范围和程序做出判断。

(4) 不合格品(项)的处置

及时由业主、监理和技术、技监部门确定处理,主要有以下几种处理方法:

① 返工达到规定要求。返修后作为让步接收材料、半成品降级使用或改作他用。

② 涉及工程设计的事故应通报设计部门,由各方面人员共同评审后确定处置方案。

③ 按建设部关于工程质量事故划分规定,视其严重性分别上报有关方面。让步接收需向业主或其代表提出申请,同意后记录返修情况。让步接收仅限于不影响产品主要功能的偏差的特许,不作为今后持续让步的依据。

④ 建立质量事故的调查、评审和处理资料档案并交资料员存档保管。

**5. 半成品或成品保护**

（1）合理存放进入施工现场的材料、构配件、设备等,做好保护措施,避免质量损失。

（2）科学安排施工作业程序,特别是交叉作业的安排要合理,有利于成品保护工作。

（3）进行全员文明生产、环境保护与成品保护的职业道德教育。

（4）统一全施工现场的成品保护标志,采取积极可靠的成品、半成品保护措施,并实行经济奖罚。

（5）竣工交验时,要向建设单位、用户发送宣传建筑物正确使用和保护说明,避免不必要的质量争端和返修。

**6. 工程质量的检验与验证**

由工程项目总工程师主持,项目技术负责人、专业技术人员、质检员和有关施工班组长参加。预检记录应由有关人员签字后列入工程档案,预检合格后方可进行下道工序施工隐检。由建设单位（或委托监理工程师）、设计单位、施工单位各方代表共同进行,由质量监督部门检验。隐检记录应由有关人员签字后列入工程档案,隐检合格后方可进行下道工序施工。

（1）施工班组检验

施工班组应以 QC 小组为核心做好班组质量检验。施工班组开展"检查上道工序,保证本道工序,服务下道工序"的"三工序"活动。施工班组成员要进行自检、互检、交接检,保证本班组施工质量。

（2）工程使用功能测试

由企业技术、质量部门、项目技术负责人、施工队长、技术员、质量检查员、有关施工班组参加。工程项目竣工交验之前,必须对建筑物进行整体使用功能测试,对给排水、暖通、电气、电梯及其他电器机械设施进行测试,达到设计要求后方可报竣工交验。

根据质量保证协议和工程项目复杂程度,制定使用功能分项调试计划和程序,并进行责任分解,落实到人。

分项调试过程中要做好调试记录,并作为质量保证资料予以保存,确认达到符合质量标准后方可进行分项工程交验。

使用功能复杂的工程项目应进行整体功能测试,做好记录,作为质量保证资料予以保存、备查。

编写工程项目建筑功能使用、维修与保养说明,竣工交验时移交给建设单位。

在用户回访和保修工作中,注意使用功能质量信息的收集、汇总、分析与反馈,以不断提高建筑使用功能。

**7. 质量文件记录**

制定有关质量文件和记录的管理办法,对质量标记、资料的收集、编目、归档、储存、保管、使用、收回处理、更改修订,以及对用户或供方查询、索取资料等,都应有明文规定和具体办法。

施工基础质量文件主要有:质量体系文件,施工图纸与变更洽商,施工设计与施工进度计划,工程质量计划与质量责任制,技术规范与工艺操作规程,工序质量控制与管理点规定,试验、检验规定与作业程序,技术交底与作业指导书有关质量保证的文件和资料,施工项目质量记录,工程隐检、自检分部分项工程验收资料,各种试验数据、鉴定报告、材料试验单,各种验证报告(工序质量审核报告(资料),工程质量审核报告,质量体系审核报告)。

有关施工中质量信息记录:QC小组活动记录,各种质量管理活动记录,质量成本报告。

### 8. 工程安全和责任

严格贯彻遵守有关安全的法令、条例、规定等对操作者进行经常性的安全教育,树立"预防为主,安全第一"的思想,制止和纠正违章指挥和违章操作,制定安全可靠的施工生产程序,降低质量责任风险,进行安全设计与试验。

### 9. 回访和保修

按照项目部有关回访和保修规定,在合同规定的保修期内实施"用户回访制",定期了解交工工程的使用情况,如果发生质量问题或业主有需要做到随叫随到;保修期外发生质量问题负责维修,因使用不当造成的维修免费或酌情收取成本费,对维修结果做到定期监控,并在公司存档备查。

## 四、施工质量保证体系

施工质量保证体系是确保工程施工质量的管理要素,而整个质量保证体系又可分为施工质量管理体系和施工质量控制体系两大部分。只有在完善质保体系的前提下,才能确保本工程质量目标的落实。

### 1. 施工质量管理体系

施工质量的管理组织是工程质量的保证,其设置的合理、完善与否直接关系到整个质量保证体系能否顺利运转及操作。施工质量管理组织体系中最重要的是质量管理职责,职责明确,可使责任到位,便于管理。

(1)项目经理的质量职责

项目经理作为项目的最高领导者,应对整个工程的质量全面负责,并在保证质量的前提下平衡进度计划、经济效益等各项指标的完成,督促项目所有管理人员树立质量第一的观念,确保质量保证计划的实施与落实。

(2)项目技术负责人(质量经理)的质量职责

项目技术负责人作为项目质量控制及管理的执行者,应对整个工程的质量工作全面管理,从质保计划的编制到质保体系的设置、运转等,均由项目技术负责人负责。同时,作为项目技术负责人应编写各种方案、作业指导书、施工组织设计,审核分包商所提供的施工方案等,主持质量分析会,监督各施工管理人员质量职责的落实。项目技术负责人是项目的质保经理。

(3)项目副经理的质量职责

项目副经理作为负责生产的主管项目领导,应把抓工程质量作为首要任务,在布置

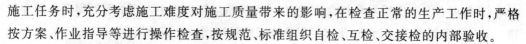

施工任务时,充分考虑施工难度对施工质量带来的影响,在检查正常的生产工作时,严格按方案、作业指导等进行操作检查,按规范、标准组织自检、互检、交接检的内部验收。

(4) 质检人员的质量职责

质检人员作为项目对工程质量进行全面检查的主要人员,应有相当的施工经验和吃苦耐劳的精神,在质量检查过程中有相当的预见性,提供准确而齐备的检查数据,对出现的质量隐患及时发出整改通知单,监督整改以达到相应的质量要求,并对已成型的质量问题有独立的处理能力。

(5) 施工员的质量职责

施工员作为施工现场的直接指挥者,首先其自身应树立质量第一的观念,并在施工过程中随时对作业班组进行质量检查,随时指出作业班组的不规范操作、质量达不到要求的施工内容,并督促整改。施工员亦是各分项施工方案、作业指导书的主要编制者,并应做好技术交底工作。

**2. 施工质量控制体系**

质量保证体系是运用科学的管理模式,以质量为中心所制定的保证质量达到要求的循环系统,质量保证体系的设置可使施工过程中有法可依,但着眼点在于运转正常,只有正常运转的质保体系,才能真正达到控制质量的目的。而质量保证体系的正常运作以质量控制体系来予以实现。

(1) 施工质量控制体系的设置

施工质量控制体系是科学的程序运转,其运转的基本方式是 PDCA 的循环管理活动,它是通过计划、实施、检查、处理 4 个阶段把经营和生产过程的质量有机地联系起来,形成一个高效的体系来保证施工质量达到要求。

① 以我们提出的质量目标为依据,编制相应的分项工程质量目标计划,这个分目标计划应使项目参与管理的全体人员均熟悉了解,做到心中有数。

② 在目标计划制定后,各施工现场管理人员应编制相应的工作标准给予施工班组实施,在实施过程中进行方式、方法的引导,以使工作标准完善。

③ 在实施工程中,无论是施工班组还是质检人员均要加强检查,在检查中发现问题及时解决,以使所有质量问题解决于施工之中,同时对这些问题进行汇总,形成书面材料,以保证在今后或下次施工时不再出现类似问题。

④ 实施完成后,对成型的建筑产品或分部工程分次成型产品进行全面检查,发现问题,追查原因。应对不同的原因采取不同的处理方式,从人、物、方法、工艺、工序等方面进行讨论,并形成改进意见,再根据这些改进意见使施工工序进入下次循环。

(2) 施工质量控制体系运转的保证

① 项目领导班子成员应充分重视施工质量控制体系是否运转正常,支持有关人员开展的围绕质保体系的各项活动。

② 配备强有力的质量检查管理人员,作为质保体系中的中坚力量。

③ 提供必要的资金,添置必要的设备,以确保体系运转的物质基础。

④ 制定强有力的措施、制度,以保证质保体系的运转。

⑤ 每周召开一次质量分析会,以使在质保体系运转过程中发现的问题得到处理和解决。开展全面质量管理活动,使本工程的施工质量达到一个新的高度。

## 五、施工质量控制措施

施工质量控制措施是施工质量控制体系的具体落实,其主要是对施工各阶段及施工过程中的各控制要素进行质量上的控制,从而达到施工质量目标的要求。

### 1. 施工阶段的质量控制措施

施工阶段的质量控制措施主要分为 3 个阶段,具体如下:

(1)事前控制阶段

事前控制是在正式施工活动开始前进行的质量控制,事前控制是先导。事前控制,主要是建立完善的质量保证体系和质量管理体系,编制质量保证计划,制定现场的各种管理制度,完善计量检测技术和手段,对工程项目施工所需的原材料、半成品、构配件进行质量检查和控制,并编制相应的检验计划。

进行设计交底、图纸会审等工作,并根据本工程特点确定施工流程、工艺及方法。对本工程将要采用的新技术、新结构、新工艺、新材料均要审核其技术审定书和运用范围。检查现场测量标注、建筑物的定位线及高程水准点等。

(2)事中控制阶段

事中控制是指在施工过程中进行的质量控制,是关键。主要有:

① 完善工序质量控制,把影响工序质量的因素都纳入管理范围。及时检查和审核质量统计分析资料和质量控制图表,解决影响质量的关键问题。

② 严格工序间交换检查,做好各项隐蔽验收工作,加强交检制度的落实,对达不到质量要求的前道工序决不交给下道工序施工,直至质量符合要求为止。

③ 对完成的分部分项检验批工程,按相应的质量评定标准和办法进行检查、验收。

④ 审核设计变更和图纸修改,如施工中出现特殊情况,隐蔽工程未经检验而擅自封闭、掩盖,或使用无合格证的工程材料,或擅自变更替换工程材料等,技术负责人有权向项目经理建议下达停工令。

(3)事后控制阶段

事后控制是指对施工过的产品进行质量控制,是弥补。按规定的质量评定标准和方法,对完成的单位工程、单项工程进行检查验收。整理所有的技术资料,并编目、建档。在保修阶段,对本工程进行维修。

### 2. 各施工要素的质量控制措施

(1)施工计划的质量控制

在编制施工总进度计划、阶段性进度计划、月施工进度计划等控制计划时,应充分考虑人、财、物及任务量的平衡,合理安排施工工序和施工计划,合理配备各施工段上的操作人员,合理调拨原材料和施工机械,合理安排各工序的轮流作息时间,在确保工程安全及质量的前提下,充分发挥人的主观能动性,把工期抓上去。

在施工中应树立起工程质量为本工程的最高宗旨,如果工期和质量两者发生矛盾,

则应把质量放在首位,工期必须服从质量,没有质量的保证也就没有工期的保证。

综上所述,无论何时都必须在项目经理部树立起安全质量放首位的概念,要求项目部的全体管理人员在施工前做好充分的准备工作,熟悉施工工艺,了解施工流程,编制科学、简便、经济的作业指导书,在保证安全与质量的前提下,编制每周、每月直至整个总进度计划各大小节点的施工计划,并确保其保质、保量地完成。

(2)施工技术的质量控制措施

施工技术的先进性、科学性、合理性决定了施工质量的优劣。发放图纸后,内业技术人员会同施工员对图纸进行深化、熟悉、了解,提出施工图纸中的问题、难点、错误,并在图纸会审及设计交底时予以解决。同时,根据设计图纸的要求,对在施工过程中质量难以控制或要采取相应的技术措施、新的施工工艺才能达到保证质量目的的内容进行摘录,组织有关人员进行深入研究,编制相应的作业指导书,从而在技术上对此类问题进行质量上的保证,并在实施过程中予以改进。

施工管理人员在熟悉图纸、施工方案或作业指导书的前提下,合理地安排施工工序、劳动力,并向操作人员做好相应的技术交底工作,落实质量保证计划、质量目标计划,特别是对一些施工难点、特殊点,更应落实至班组每一个人,而且应让他们了解本次交底的施工流程、施工进度、图纸要求、质量控制标准,以便操作人员心里有数,从而保证操作中按要求施工,杜绝质量问题的出现。

在本工程施工过程中将采用二级交底模式进行技术交底。第一级为项目技术负责人(质量经理),根据经审批后的施工组织设计、施工方案、作业指导书,以工程的施工流程、进度安排、质量要求以及主要施工工艺等向项目全体施工管理人员,特别是对施工员、质检人员进行交底。第二级为施工员,向班组进行分项专业工种的技术交底。

在本工程中,将对以下技术保证进行重点控制:施工前各种翻样图、翻样单;原材料的材质证明、合格证、复试报告;各种试验分析报告;基准线、控制轴线、高程标高的控制;沉降观测;混凝土、砂浆配合比的试配及强度报告。

(3)施工操作中的质量控制措施

施工操作人员是工程质量的直接责任者,故从施工操作人员自身素质以及对他们的管理均要有严格的要求,在操作人员加强质量意识的同时加强管理,以确保操作过程中的质量要求。

① 对每个进入本项目施工的人员,均要求达到一定的技术等级,具有相应的操作技能,特殊工种必须持证上岗。对每个进场的劳动力进行考核,同时,在施工中进行考察,对不合格的施工人员坚决退场,以保证操作者本身具有合格的技术素质。

② 加强对每个施工人员的质量意识教育,提高他们的质量意识,自觉按操作规程进行操作,在质量控制上加强其自觉性。

③ 施工管理人员,特别是质检人员,应随时对操作人员所施工的内容、过程进行检查,在现场为他们解决施工难点,进行质量标准的测试,随时指出达不到质量要求及标准的部位,要求操作者整改。

④ 在施工中各工序要坚持自检、互检、专业检制度,在整个施工过程中,做到工前有交底、过程有检查、工后有验收的"一条龙"操作管理方式,以确保工程质量。

## 六、施工关键过程质量控制

**1. 清孔质量保证措施**

（1）钻进到设计孔深后钻具在原位慢速回转，大泵量冲孔，换浆排渣，为第二次清孔创造条件。

（2）二次清孔，以导管为排渣管，使用泥浆或空气压缩机进行正循环或气举反循环清孔，可以保证孔底沉渣达到规程要求。

**2. 钢筋笼质量保证措施**

（1）进场钢筋规格、型号必须符合设计要求，钢材进场时必须有出厂合格证，并由试验室进行力学焊接试验，合格后方可制作钢筋笼。

（2）砂子采用含泥率小于 1% 的粗砂，石子采用含泥率小于 2% 的碎石，其强度和其他力学指标必须符合 JGJ 53—79 普通混凝土碎石质量标准要求。

（3）混凝土级配必须由试验室提供，现场按砂石含水率调整，混凝土坍落度控制在 3～5 cm，严格控制计量及搅拌时间，确保混凝土成品质量。

（4）钢筋笼制作严格按设计要求和标准图集，经甲方和监理检验，合格后方可使用。为了减小或阻止变形，在钢筋笼上每隔 2.0～2.5 m 设置加强箍一道，并在钢筋笼内每隔 3～4 m 装一个可拆卸的十字形临时加劲架，在吊放入孔时拆除。钢筋笼过长时，可根据现场吊机能力将其分段制作，吊放钢筋笼入孔时再分段焊接。在钢筋笼周围主筋上，每隔一定距离设置混凝土垫块，其厚度根据设计图中保护层的厚度而定。

（5）吊置钢筋入孔时应保持垂直并缓慢放入，防止碰撞孔壁，并在放入后采取措施固定其位置。吊放入孔前，检查钢筋笼是否变形，发现有变形的应修理后再使用。

（6）进场钢筋规格、型号必须符合设计要求，钢材进场时必须有出厂合格证，并由试验室进行力学焊接试验，合格后方可制作钢筋笼。

**3. 混凝土质量保证措施**

（1）混凝土拌制要严格按照配合比施工，为了保证灌注桩混凝土计量正确，每盘混凝土用料进行称量方法。混凝土搅拌工根据砂石含水率调节好用水量，每斗搅拌不少于 90 秒。混凝土的砂、石料均过磅计量，水泥用量必须正确。灌注混凝土前应检查搅拌系统，确保混凝土可靠连续供应，以保证混凝土浇灌不中断。

（2）采用翻斗车将混凝土运至孔口，倒入灌浆斗，中途运输及时，减少运输过程中造成的离析、泌水和坍落度损失。

（3）边灌混凝土边适量提导管，灌注时勤测混凝土顶面上升高度，随时掌握导管埋入深度，避免导管埋入过深或导管提升太快而脱离混凝土面。注意导管底始终埋于混凝土中 1 m 左右，并随灌入量的增加慢慢拔起导管。混凝土上部表面层杂物多，不牢部分应凿除。为此，浇灌的混凝土顶面应超高约 50 cm。

**4. 桩身质量保证措施**

（1）导管离孔距离不大于 0.5 m。

（2）混凝土初灌量应保证导管底部能埋入混凝土面 0.8 m 以上。

（3）混凝土灌注应紧凑地连续不断地进行，及时测量孔内混凝土面高度，以指导导管的提升和拆除。

（4）为保证桩顶质量，混凝土超灌高度应不小于 1.5 m。

**5．混凝土工程质量保证措施**

（1）严格把好原材料质量关，水泥、碎石、砂及外掺剂等既要达到国家规范规定的标准，又要满足设计及业主提出的质量要求，各种质量检验报告需报公司质量监督部门审核存档。

（2）严格按试验所出的级配单试搅拌，搅拌时间应符合规范要求，当黄沙含水量变化较大时应及时调整搅拌用水量。

（3）混凝土浇捣必须连续进行，就餐时，操作者、管理人员轮流交替用餐。

（4）为保证混凝土工程质量，必须严格执行操作规范，在混凝土浇捣过程中，由技术、质监人员全面负责，另配监理人员监督振捣质量。

（5）混凝土浇捣前应将新老混凝土接缝处的垃圾、杂物清除干净，浇水湿润，但不得有积水。在操作难度较高处的留洞、钢筋密度较大的区域应做好醒目标志并加强管理，确保混凝土浇捣质量。

（6）混凝土、砌筑砂浆必须由专人负责按规定要求制作足够的试块并标明标号、使用部位、日期及编号。楼面混凝土浇捣时应铺设架空走道板，禁止人在钢筋上直接踩踏，以免造成钢筋变形位移。

**6．钢筋工程质量保证措施**

（1）钢筋由钢筋翻样按设计图提出配料清单，同时应满足设计对接头形式及错开要求。搭接长度、弯钩、锚固等符合设计及施工规范的规定，品种、规格若要代替时，应征得设计单位同意并办妥手续。所用钢筋应具有出厂质量证明，对各钢厂的材料均应进行抽样检查，并附有抽样检查报告，未经试验不得盲目使用。

（2）绑扎钢筋前应进行技术交底，内容包括绑扎顺序、规格、位置、保护层、搭接、锚固长度与接头错开的位置，以及弯钩形式等要求。为了有效控制钢筋位置的正确性，在钢筋绑扎前必须进行弹线。

（3）注意满足混凝土浇捣时的保护层要求。按设计的保护层厚度事先做好带铁丝的预制混凝土垫块，混凝土垫块宜采用普通 325 水泥与砂浆按 1∶1 至 1∶2 的比例配制，垫块设置的间距宜控制在每平方米 1 块。

（4）弯曲不直的钢筋应校正后方可使用，但不得采用预垫法校直，沾染油渍和污泥的钢筋必须清洗干净后方可使用。

（5）加强施工工序质量管理，在钢筋绑扎过程中，除班组做好自检外，质量检查员应随时检查质量，发现问题及时纠正。为防止返工，可采取按工序分阶段验收钢筋，未经隐蔽工程验收通过不得进行下道工序施工。

（6）在钢筋绑扎过程中，如发现钢筋与埋件或其他设施相碰时，应会同有关人员研究处理，不得任意弯、割、拆、移。

（7）为了保证混凝土浇灌时顺利下料和振捣,钢筋在绑扎过程中必须注意排列布置。特别是在门洞边有暗柱和暗梁的情况时,对暗梁的水平筋布置应尽量预留出下料接管间隙大于 15 cm,若不能按设计要求排列时,应会同技术部门协商并经设计认可。

**7. 模板工程质量保证措施**

（1）模板在每一次使用时,均应全面检查模板表面光洁度,不允许有残存的混凝土浆,否则必须认真清理,然后涂刷一度无色的模板油。

（2）模板的拼缝有明显缝隙者必须采用油腻子批嵌,拆除模板必须得到有关技术人员的认可后方可进行。

（3）模板在校正或拆除时,绝不允许用棒撬或用大锤敲打,不允许在模板面上留下铲毛或锤击痕迹。

（4）对木模本身的质量应认真检查,木模表面有脱皮、板中有变质者不得使用;木围檩及木栅挠曲不直和有变质者不得使用。

**8. 测量工程质量保证措施**

（1）测量定位所用的经纬仪、水准仪等测量仪器及工艺控制质量检测设备必须经过鉴定合格,在使用周期内的计量器具按二级计量标准进行计量检测控制。

（2）测量基准点要严格保护,避免撞击、毁坏。在施工期间,要定期复核基准点是否发生位移。总标高控制点的引测,必须采用闭合测量方法,确保引测精度。

（3）所有测量观察点的埋设必须可靠牢固,以免影响测量结果精度。

（4）轴线控制点及总标高控制点,必须经监理书面认可后方可使用。

**9. 特殊气候条件下施工的质量保证措施**

（1）雨季施工质量保证技术措施

应尽可能避免在暴雨天浇捣混凝土。如果浇捣混凝土时恰逢下雨,应随雨量大小及时测定砂石含水量,调整混凝土配合比。现场应准备足够的防雨应急材料（如油布、塑料薄膜）,在振捣密实的同时铺设覆盖材料（油布、塑料薄膜）,尽量避免混凝土遭受雨水冲刷,以保证混凝土质量。做好施工现场排水和四周的清理工作,防止积水和淤泥。如在施工过程中突遇大暴雨,应做好人员配置,加强施工管理力量。确实无法施工时可留设施工缝,但应做好施工缝的处理工作。

（2）冬季施工质量保证技术措施

当室外日平均气温连续 5 天低于 5℃或日最低温度低于 −3℃时,应按冬季施工要求组织施工。采用以掺化学剂为主的防冻保温办法,并以调整混凝土配合比、控制混凝土水灰比等措施保证混凝土质量。根据实际情况,必要时可掺加外加剂（如硫酸钠、木质素矿酸钙等）,外露混凝土表面应用草包加塑料薄膜覆盖 2～3 层。做好清除积雪、凿除结冰层等工作。

**10. 半成品现场生产制作工艺的采用,质量控制方法和保证措施**

（1）钢筋的现场生产制作工艺

① 钢筋在工棚内制作,按翻样单并结合施工图进行下料制作。对每个规格、批号的

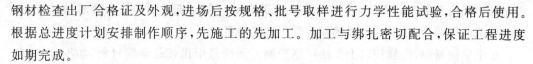

钢材检查出厂合格证及外观,进场后按规格、批号取样进行力学性能试验,合格后使用。根据总进度计划安排制作顺序,先施工的先加工。加工与绑扎密切配合,保证工程进度如期完成。

② 钢筋进场制作加工前,先检查表面是否洁净,粘着的油污、泥土、浮锈使用前必须清理干净。

③ 圆盘钢筋调直后不得有局部弯曲、死弯、小波浪形,其表面伤痕不得使钢筋截面减少 5%。

④ 钢筋切断应根据钢筋型号、直径、长度、长短搭配,严禁长料短用,严禁先断长料后断短料。

⑤ 需焊接的钢材进场后均进行对焊,搭接焊试焊,掌握焊接性能,并送试验室进行焊接性能试验,合格后进行工程焊接。工程上用的焊接接头按规格、接头数量抽样进行焊接试验,合格后方可用于工程结构中。

(2)混凝土现场生产制作工艺

① 编制现场泵送混凝土施工工艺,严格按工艺执行。

② 严把原材料进场关。固定供应原材料的厂家和材料产地,并根据规范规定提出书面要求,进场严格验收。

③ 严把材料计量关。因混凝土中掺有粉煤灰和外加剂,这两种材料在施工中用人工计量,其他均为电控计量。为保证计量准确,现场配备了专用工具,并设专人操作。

④ 材料的选择:泵送混凝土的配合比应经试配而得。混凝土的各项原材料要满足相应的国家现行标准的规定。混凝土采用 5～31.5 mm 连续级配的碎石,针片状含量不宜大于 10%。砂采用中砂。水泥用普通硅酸盐水泥,并满足泵送混凝土水泥的最小用量宜为 300 kg/m³。砂率为 38%～45%,并掺入适量的减水剂及掺合料增加混凝土的和易性及可泵性,满足混凝土的质量要求和施工要求,坍落度为 100～140 mm。

⑤ 混凝土泵送现场设专职技术员、工长、试验工等人对泵送混凝土每个环节进行控制。

⑥ 对泵送混凝土施工中易出现质量问题的部位进行重点防范。如:由于泵送混凝土坍落度较大,混凝土墙振捣后在顶部易出现一层 30 mm 左右的浮浆,为保证混凝土墙体质量,应在下道工序施工前予以剔除;在顶板混凝土施工时,为防止裂缝,板面用木抹子抹平,要增加遍数等。

⑦ 随时检查机械设备运行情况及泵管的牢固程度,发现问题及时解决以保证泵送混凝土的连续性。

**11. 施工材料的质量控制措施**

施工材料的质量,尤其是用于结构施工的材料质量,将会直接影响到整个工程结构安全,故在各种材料进场时,一定要求供应商随货提供产品的合格证或质保书,同时对钢材、水泥等及时做复试和分析报告,只有当复试报告、分析报告等全部合格后方能用于施工。

混凝土在施工前必须进行试配工作,达到设计要求后,出具各种不同标号的混凝土级配报告提交有关方面审核,通过后才能用于施工。在浇筑时制作符合要求的试块,并在同等条件下养护,及时试压以确保混凝土施工质量。

对于甲供材料,同样按以上办法严格控制。无论是甲供还是自购材料,如不合格,坚决退货,不得在施工现场使用。

为保证材料质量,要求材料管理部门严格按公司有关文件、规定及相关质量体系文件进行操作及管理。对采购的原材料构配件、半成品等均要建立完善的验收和送检制度,杜绝不合格材料进入现场,更不允许不合格材料用于施工。

在材料供应和使用过程中,必须做到"四验""三把关"。即"验规格,验品种,验数量,验质量""材料验收人员把关,技术质量试验人员把关,操作人员把关",以保证用于本工程上的各种材料均是合格优质材料。

(1) 施工中计量管理的保证措施

计量工作在整个质量控制中是一个重要措施,在计量工作中,加强各种计量设备的检测工作,按公司的计量管理文件进行周检管理。同时,按要求对各操作程序绘制相应的计量网络图,使整个计量工作符合国家计量规定的要求,使整个计量工作完全受控,从而确保工程施工质量。

(2) 材料和设备质量保证措施

对用于工程的主要材料,进场时必须具备正式的出厂合格证和材质化验单。如不具备或对检验证明有怀疑时,应补做检验。

工程中所有构件必须具有厂家批号和出厂合格证,钢筋混凝土和钢构件等均应按规定的方法进行抽样检验。由于运输、安装等原因出现的构件质量问题应分析研究,经处理鉴定后才能使用。

凡标志不清或认为质量有问题的材料、对质量保证资料有怀疑或与合同规定不符的一般材料、由于工程重要程度决定应进行一定比例试验的材料、需要进行追踪检验以控制和保证其质量的材料等均应进行抽检,对于关键施工部位应全部进行检验。

材料质量抽样和检验的方法,应符合《建筑材料质量标准与管理规程》,要能反映该批材料的质量性能。对于重要构件或非匀质材料,还应酌情增加采样的数量。

在现场配制的材料,如混凝土、砂浆、防水材料、防腐材料、绝缘材料、保温材料等的配合比应先提出试配要求,经试配检验合格后才能使用。

# 第五章

# 施工进度计划和保证措施

## 第一节　施工进度计划安排及措施

### 1. 施工工期的承诺

680 日历天以内。

### 2. 进度保证措施

施工进度计划是施工过程中的一项重要指标,其编制的先进性、合理性将直接影响到整个施工的全过程。施工进度计划安排既要在保证工程质量、安全的前提下确保总工期,又要突出重点,重点控制关键工期,确保满足业主需要。

(1) 施工进度计划管理

工程施工进度计划管理主要包括施工总进度计划、主要分部工程进度计划、月进度计划和旬进度计划。项目部须根据月进度计划,制定每旬详细的作业计划、材料需用量计划和周转材料、机械设备进出场时间,作出各分项工程的月、旬进度计划,编制各班组施工段施工进度计划。

施工进度计划完成与否是项目部作为对作业班组重点考核的指标,按月度计划进行全面检查,并与作业班子的经济收入挂钩,以确保工程进度按预期目标完成或提前完成。

(2) 施工总进度计划控制

现场项目部办公室张贴施工总进度计划,明确施工管理人员各自分管的分项工程施工时间要求。

以施工总进度计划为依据,编制各施工区的月、旬、周生产计划及工、料供应使用计划,各期计划必须逐级保证,即周计划保证旬计划实现,旬计划保证月计划实现,月计划保证总进度计划,确保实现各单位工程施工总进度计划。

制定施工进度计划的奖罚措施,强化进度管理,奖快罚慢与奖优罚劣相结合。

把分包单位的进度纳入总进度计划管理范畴,开工及完成的节点时间应有可靠的奖罚措施予以约束和保障。

### 3. 确保工期的主要管理技术措施

本工程混凝土量大、工期紧、质量优,土建、安装必须有足够的投入,管理人员、生产工人要有较高的素质。机械设备、周转材料配备齐全,资金备足,做到专款专用,公司在人、财、物的安排上必须优先供应,项目部施工中必须加强科学管理。具体措施如下:

(1) 加强组织领导措施

公司将本工程列为重点工程,选派有丰富施工经验、善打硬仗、理论知识扎实、实践经验丰富的高级工程师担任项目主任工程师,建立起精干有力的项目领导班子,并配备充足的施工技术人员和技术工人,从组织领导和施工力量上保证工期目标实现。项目部管理人员坚守岗位,施工员、质量员、班组长等坚持在现场第一线,落实每天的工作任务,跟踪检查每道工序的施工质量和安全状况,把问题消灭在施工过程中,强化质量管理,减少返工现象,同时做好现场保护,防止糟蹋成品,以质量保工期。

（2）加强经常工作以保证工期

① 建立健全组织管理体系,推行以项目为对象、以项目经理负责为依托、以经济承包责任制为依据、以合同工期为目标的项目法施工,项目经理对工程负直接责任。

② 加强施工准备,包括组织准备、技术准备、物资准备和作业条件准备等。

③ 认真熟悉建设文件,掌握工艺流程、设计要求、施工验收规范和建设工期等。

④ 做好图纸会审工作,严格按施工程序施工,按进度逐级做好技术交底、安全交底、资料验收等工作。

**4. 施工进度控制措施**

生产指挥者应深入到实际调查研究,能作出准确预见,做到生产指挥有主动性、系统性、计划性。服从工程项目部统一指挥,按期参加生产协调会,搞好协作关系。

认真落实计划的执行、监督、检查工作,做到日常检查和定期检查相结合,根据总进度网络要求,经常进行工程生产要素的优化配置,实现动态管理。施工前编制进度计划并向涉及工期的、间接的(如安装等)施工队伍分解落实。预期的网络计划一旦破网,应采取紧急补救措施。

按总进度计划要求,要以日保旬、旬保月、月保季、季保总进度。应加强监督检查,如不能达到计划部位,应查明原因,决定对策,并同项目经理部有关人员共同研究,必须在下一个工期补上进度,确保总进度计划的完成。

保证及时供应材料措施:本工程所需的主要材料、构件、半成品等供应按总进度计划相应编制主要材料、构件、半成品等供应计划。材料部门按供应计划及时、保质、保量供应到施工现场。本工程列为公司材料部门,供应材料的重点项目,如有困难,千方百计采购供应,确保本工程按计划进行施工。

保证资金到位措施:公司财务部门对本工程实行专款专用,按时支付进度款,确保工程施工顺利进行,如工程用款与进度款发生差额,财务部门应设法调剂。

工期奖罚措施:为确保工程如期完成,将工期指标落实到操作班组,同各工种的操作班组签订合同,按期奖励,逾期处罚。

**5. 雨季、冬季施工措施**

由于本工程工期要跨越4季,应采取相应的措施组织连续施工。雨季准备足够的防雨布、雨衣、雨鞋、绝缘手套和排水用的水泵,以备雨季施工使用。同时派专人收听天气预报,随时掌握天气变化,及时调整施工顺序,尽可能雨天进行室内施工,以保证工期。室外日平均温度5℃时,对钢筋混凝土结构采取冬季施工措施,并应及时采取气温突然下降的防冻措施,以保证冬季施工的工程进度。施工中考虑到停水、停电对工程的影响,必须做好适当的安排,避免发生停工、窝工。

### 6. 安排好施工顺序措施

组织好分部分项的流水施工程序,各工种之间采用立体交叉作业。本工程实施主体结构和安装预留预埋、装饰工程和安装工程等同时立体交叉作业的施工程序。

### 7. 搞好配合协调措施

做好和管理部门、建设部门、设计院、监理以及各专业协作单位的配合协调工作。根据工程需要,成立工程领导协调机构,由建设单位牵头设计、监理公司、项目部、安装单位和主要配合协作单位的有关人员参加。定期召开有关方协调会议,在施工中遇到问题及时同有关部门联系解决。尽量将图纸上的问题解决在施工之前,防止设计变更过多而影响工期。

### 8. 施工资源足量投入措施

为了保证工期按时完成,投入足够的机械设备和周转材料必须全部到位。施工操作中尽可能推行机械化施工,加快施工进度。同时,加强对机械设备的维修保养,保证能正常运转使用。充分考虑工期对施工劳动力需求,一线班组劳力要上足,连续施工时可实行两班制作业等,切实保证施工工期。

# 第二节　关键控制节点的设置

总工期拟定 680 天,各分段工期为:围护桩施工第 30 日完成,工程桩施工第 30 日完成,土方开挖施工第 60 日完成,地下室结构施工第 160 日完成,主楼结构施工第 410 日完成,外装修、室内精装修施工第 680 日完成。

为保证室内粗装修能及时插入主体结构施工,主体结构拟采取分段验收,具体分段验收部位如下:

第一次结构验收部位:2 层地下室混凝土结构。

第二次结构验收部位:1～16 层混凝土结构及砖砌体。

第三次结构验收部位:16 层以上混凝土结构及砖砌体。

资源需要量计划:单位工程施工进度计划确定后,据此编制各主要工种劳动力需要量计划以及施工机械、周转材料、构件、加工品等的需要量计划,以利于及时组织劳动力和物资供应,保证施工进度计划的顺利执行。

主要材料及构配件需要量计划:材料、构件、加工件需要量计划主要为组织备料、生产、运输之用,对于有时间限制的物资必须遵守客观要求,提前计划,提前落实,保证物资供应及时、充足,符合要求。

劳动力需要量计划:通过编制劳动力计划,为施工现场的阶段性劳动力调配提供依据,也便于及时发现问题,保证劳动力满足总体工期的要求。

劳动力安排计划及保证措施:本工程若由本公司中标承建,公司将选派一级项目经理担任本工程项目经理,主持日常事务,并按项目法施工的要求成立项目经理部,全面履行合同,对工程施工进行组织、指挥、管理、协调和控制,项目经理部本着科学管理、精干高效、结构合理的原则,选配具有开拓精神、施工经验丰富、服务态度良好、勤奋实干的工程技术和管理干部组成,组建管理人员齐全、技术力量雄厚、制度先进、设备精良、队伍素质良好的项目经理部进驻现场,项目部内设置项目经理、项目技术总负责及有关管理人员,作业层由公司统一调配,组成以公司职工为主体的骨干队伍。

项目指挥部下设"九部二室"(土建工程部、技术部、经营部、财务部、安装动力部、质量工程部、行保部、物资计划部、计量测量部、综合办公室、QC活动室)负责各专业工作。根据工程建设的规模、质量及工期要求,将施工现场人员划分为4条线:

生产线:设生产总负责1名,负责担任本工程的生产总调度。专抓本工程的施工进度、生产线人员的安排调度、安全生产、文明施工等一系列工地生产线的综合工作。

技术线:专门负责本工程的施工技术,管理好工地内的规则,处理技术上的难点、疑点,会同建设单位、监理部门和设计院做好技术问题上的探讨,及时解决施工现场所发生的一切技术问题。

质安线:专门负责本工程的质量安全这一关键问题,同时做好生产线、技术线人员的协调,是工地创标化的现场指挥者。

后勤线:管辖后勤属下的预算、财务、材料、机修、保安、计划生育、食堂等一系列事务。

我方将立即按照招投标文件中的组织体系成立工程施工项目体系,落实各岗位人员,确保主要管理人员到位。

劳动力组织:按照总工期计划及开工时间要求,编制详细的劳动力需用量计划,组织好相关的专业工种及班子进场,安排好进场职工的生活,抓好进场职工的教育工作,通过教育增强职工安全、防火、防盗和文明施工意识,以确保工程顺利施工。劳动力合理安排,充分利用工时,搞好各工种搭接,减少进场次数,减少非生产人员比例,节约开支。

材料组织:根据总进度及月、周进度计划要求编制施工材料计划,凡属我方采购的材料,我方按照每月材料需用量提前安排进场,对甲方指定材料则保证订货采购运作周期的前提下及时将需用量计划报甲方,对各项材料加强验收。

施工劳务层人员组织:劳动作业者是施工质量、进度、安全、文明施工最直接的保证者,故我项目部选择劳务操作人员的原则是:具有良好的质量、安全意识,具有较高的技术等级,具有相类似工程施工经验的人员。

劳务层划分为两大类:①专业化强的技术工种,配备人员50人,其中包括机操工、机修工、维修电工、焊工、起重工等,这些人员均为我项目部多次参与过类似工程的施工、具有丰富经验、持有相应上岗操作证的人员;②普通技术工种,配备人员约为350人,其中包括木工、钢筋工、混凝土工、瓦工、粉刷工、石工、油漆工等,并以施工过类似工程的施工人员为主进行组建。

劳务层组织由公司劳资科根据项目部每月劳动力计划,在全公司进行平衡调配,同时保证进场人员的各项素质达到项目的要求和项目劳动力队伍相对稳定,并以不影响施工为最基本之原则。本工程在土建施工过程中,高峰期工地人员数将达到450人左右,进入装饰阶段最高400人左右。

# 第六章

# 安全生产、文明施工和环境保护措施

## 第一节  安全生产和文明施工目标

### 一、安全文明施工目标

安全生产目标为浙江省标化工地和创安工地,确保无重大伤亡安全事故。

根据本工程的建设规模,建立起以项目经理为主、项目技术负责人为铺、专职安全员监督指导、全员参与的安全生产管理工作,杜绝死亡与重伤事故的发生,降低轻伤发生频率。

### 二、采取的管理手段和保证措施

#### 1. 安全生产规章制度

现场建立安全生产责任制和有效的奖罚办法,责任落实到人,各项分包合同或协议必须签订安全生产协议书。

广泛开展安全生产宣传教育活动,使广大职工牢固树立安全第一的思想,提高安全意识,自觉遵守各项规章制度及安全技术操作规程。

新工人上岗前必须进行公司或分公司、项目部和班组三级安全教育,考试合格,书面记录须经受教育者本人签名确认。工人换岗时,应进行新工种的安全技术培训和安全教育。

#### 2. 安全生产责任制

根据本工程管理人员规模,拟指定以项目经理为主,项目技术负责人为辅,各级班组为主要执行者,保卫、安全员为主要监督员,医务人员为保障者的安全生产责任制。各自的具体职责如下:

项目经理:全面负责施工现场的安全措施、安全生产等,保证施工现场的安全。

项目副经理:直接对安全生产负责,督促、安排各项安全工作,并随时检查。

项目技术负责人:制定项目安全技术措施和各项安全方案,督促安全措施落实,解决施工过程中不安全的技术问题。

安全负责人:督促施工全过程的安全生产,纠正违章,配合有关部门排除施工不安全因素,安排项目内安全活动及安全教育的开展;督促劳防用品的发放和使用。

机电负责人：保证各类机械的安全使用，监督机械操作人员保证遵章操作，并对用电机械安全进行检查。

消防负责人：保证防火设备的齐全、合格，消灭火灾隐患，对每天动火区域记录在册，开具动火证，建立现场消防队和日常消防工作。

安全管理人员：负责上级安排的安全工作的实施，进行施工前安全交底工作，监督并参与班组的安全学习。

医务人员：及时诊治各种疾病，保证施工人员的身体健康，对突发性安全事故采取一定的应急措施。

其他部门：财务部门保证用于安全生产上的经费；后勤、行政部门保证工人的基本生活条件，保证工人健康；材料部门应采购合格的用于安全生产及劳防的产品和材料。

# 第二节 安全生产制度及要求

根据有关文件规定，并结合本工程的实际情况，制定关于安全教育、检查、交底、活动4项制度，要求所有进入本施工现场的人员以班组为单位进行检查，同时在中标后，将另行制定本工程《安全生产奖罚条例》以确保制度和各项措施的落实。

确保安全生产的措施及技术要求：安全技术措施作为安全生产施工的基本保障，必须全力实行。在本工程中，安全技术措施将贯穿施工全过程。

施工组织设计（专项施工方案）的有关规定：施工组织设计（文明施工、施工用电、脚手架、垂直运输、消防等专项施工方案）应全面、具体，并针对不同的工程结构、施工特点、各种电器和机械设备、场地以及气候条件的安全技术措施进行编制。项目部主任工程师审查后由公司总工程师批准签字盖章后有效，以确保整个工程的安全施工。

## 一、安全交底

施工作业前及各分部分项工程必须做全面、具体、有针对性的安全技术书面交底，交底双方履行签字手续。

## 二、持证上岗

从事电工、架子工、电焊（气焊）工、超重机械工等特种作业人员必须经市级以上劳动部门的培训，经考试合格，领取特种作业操作证书后方可上岗作业；卷扬机、搅拌机等机械操作人员必须经市建管局认可的单位培训，经考核合格，领取统一发放的机械操作证后方可上岗操作。五大员培训领取的上岗证必须随身携带，以便检查。

## 三、安全检查

建立健全安全检查制度，检查要有重点、有标准、有要求，并做书面记录，履行签字手续。对查出的事故隐患要建立登记、复查、销项制度，制定相应整改计划，定人、定时间、定措施，对重大事故隐患应签发限期整改通知书。现场必须及时采取措施进行整改，整

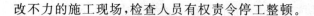

改不力的施工现场,检查人员有权责令停工整顿。

## 四、班前活动

操作班组在每天作业前必须进行上岗安全交底、上岗检查、上岗记录的"三上岗"和每周一次的"一讲评"班前安全活动,并书面记录,制定考核措施。

## 五、事故处理

现场发生重伤、死亡事故,必须立即上报公司生产安全部,并认真保护好事故现场,不得隐瞒、虚报和拖延不报。企业必须在 24 小时内上报主管单位和上级有关部门。事故调查按《企业职工伤亡事故报告和处理规定》执行。按照发生事故"三不放过"的原则进行认真调查研究、分析和处理,并及时结案,现场做好工伤事故记录台账。一般事故按公司原有文件执行。

## 六、确保安全生产的措施及技术要求

安全技术措施作为安全生产施工的基本保障,必须全力实行。在本工程中,安全技术措施将贯穿施工全过程。

**1. 结构施工阶段的防护措施**

基坑的防护:基坑施工阶段,在基坑四周临边设置 1.0～1.2 m 高钢管或钢筋栏杆围护,并用竹笆封闭。

脚手架安全:所有外脚手架操作面必须满铺竹笆,操作面外侧设防护栏杆、挡脚,并用竹笆遮挂,同时满拉安全网,以防杂物落下。

底层施工安全:在建建筑物现场人员来往频繁,而立面的交叉作业对底层的安全防护工作要求更高,为此在建筑底层的主要出入口搭设双层防护棚及安全通道。

**2. 装修、设备安装阶段的防护措施**

外装修时经常性检查外脚手架及防护设施的设置情况,发现不安全因素及时整改加固,并及时汇报主管部门,采取有效措施予以补救。

随时检查各种洞口临边的防护措施情况,因施工需要拆除的防护,应在施工结束后及时恢复。在洞口上下施工需设警戒区,派专人看守。

**3. 冬、雨季施工阶段的防护措施**

(1) 加强机械检查、安全用电,防止发生漏电、触电事故。

(2) 下雨、下雪天气尽量不安排在外架上作业,如因工程需要必须施工则应采取防滑措施,并系好安全带。

(3) 砌筑、装修时,如遇雨天,在上班时应做好防雨措施。

(4) 应在天气晴好时拆除外架,不得在下雨、下雪时进行。

(5) 冬季施工时,应在上班操作前除掉机械、脚手架和作业区内的积雪、冰霜,严禁起吊同其他材料结冻在一起的构件。

（6）梅雨及暴雨季节，对开挖的基坑边坡进行加固并经常检查临边及上下坡道，做好防滑处理。

### 4. 其他安全措施

（1）施工机具安全防护

现场所有机械设备必须按照施工平面布置图进行布置和停放，机械设备的设置和使用必须严格遵守施工现场机械设备安全管理规定，现场机械有明显的安全标志和安全技术操作指示牌。具体要做到：拉伸钢筋时周围要设防护栏杆，后侧设防护挡板；搅拌机应搭设防砸、防雨操作棚；所有机械设备应经常清洁、润滑、紧固、调整、不超负荷和带病工作；机械在停用、停电时必须切断电源；对新技术、新材料、新工艺、新设备的使用，在制定操作规程的同时，必须制定安全操作规程；对特殊工序，必须编制作业方案，有确保安全的具体措施。

（2）消防保卫管理

施工现场必须备有消防车道，消防器材、消火栓、进水主管务必满足消防要求；消防设施应能保证建筑物最高的灭火需要，高压水泵随结构施工同时设置。

现场料场、库房的布局应合理规范，易燃易爆物品、有毒物品均应设专库保管，严格执行领用、回收制度。现场建立门卫、巡逻护场制度，并实行凭证出入制度。

（3）施工用电

施工现场用电线路的设置和架设必须按当地有关规定与用电布置图进行。电缆线均应架空，穿越道路除防护套管外，埋置深度应超过 0.2 m，全部采用三相五线制。

现场配电房醒目处挂有警示标志，配备一组有效的干粉灭火器，配电房钥匙由现场电工班派专人保管。

现场配电箱设有可靠有效的三相漏电保护器，动力、照明分开，与配电房内的漏电保护器形成三级配电三级保护，使施工用电人身更安全。

现场所有配电箱应统一编号、上锁，专人保管，箱壳接地良好。施工用电的设备、电缆线、导线、漏电保护器等应有产品质量合格证。漏电保护器要经常检查，发现问题立即调换，熔丝要相匹配。

### 5. 塔吊使用安全技术措施

起重机拆装：

（1）起重机的拆装、升降塔身及锚固等作业，必须由经过专门培训并取得作业证的人员完成。

（2）对于拆装的起重机，拆装工作必须遵照下列原则：

① 了解起重机的性能。

② 必须详细了解并严格按照说明书中所规定的安装及拆卸程序进行作业，严禁对产品说明规定的拆装程序做任何改动。

③ 熟知起重机拼装或解体各拆装部件相连接处所采用的连接形式和使用的连接件的尺寸、规定及要求。对于有润滑要求的螺栓，必须按说明书的要求，按规定的时间，用规定的润滑剂润滑。

④ 了解每个拆装部件的重量和吊点位置。

（3）作业过程中，拆装工人必须对使用的机械设备和工具的性能及操作规程有全面了解，严格按照规定使用。

（4）在安装起重机的过程中，对各个安装部件的连接件，必须特别注意按说明书的规定安装齐全，固定牢靠，并在安装后做详细检查。

（5）在安装或拆卸带有起重臂和平衡臂的起重机时，严禁只拆装一个臂就中断作业。

（6）在紧固要求有预紧力的螺栓时必须使用专门的可读数的工具，将螺栓准确地紧固到规定的预紧力值。

（7）拆装起重机的电气部分，必须按照国家劳动人事部门的规定，由持有供电局发给的电工操作证的正式电工和由其带领的电气徒工进行，严禁其他人员拆装。

（8）安装起重机时，大车行车限位装置及限位器碰块必须安全可靠，必须将各部位的栏杆、平台、护链、扶杆、护圈等安全防护零部件装齐。

（9）在拆除因损坏而不能用正常方法拆卸的起重机或拆除缺少工作平台、栏杆和安全防护装置的起重机时，必须有经技术安全部门批准的确保安全的拆卸方案。

（10）安装完毕的起重机，必须使各工作机构能正常工作。

## 七、脚手架工程施工

### 1. 外脚手架选用方案

本工程主楼采用扣件式钢管脚手架。按规范规定钢管脚手架一次性搭设高度不超过 30 m，因此采取竖向分段卸荷的办法解决，竖向卸荷采用预埋槽钢下拉线局部卸荷。这一方案能满足外墙架搭设安全要求。

### 2. 外脚手架施工具体做法

（1）活荷载参数

施工均布荷载：2.000 kN/m²；脚手架用途：装修脚手架；同时施工层数：2 层；风荷载参数；本工程地处浙江诸暨市，基本风压 0.45 kN/m²；风荷载高度变化系数 $\mu_z$，计算连墙件强度时取 0.92，计算立杆稳定性时取 0.74，风荷载体型系数 $\mu_s$ 为 0.214。

（2）静荷载参数

每米立杆承受的结构自重荷载标准值：0.124 8 kN/m；脚手板自重标准值：0.300 kN/m²；栏杆挡脚板自重标准值：0.150 kN/m；安全设施与安全网自重标准值：0.005 kN/m²；脚手板铺设层数：4 层；脚手板类别：竹笆片脚手板；栏杆挡板类别：竹笆片脚手板挡板。

（3）杆件布置

外脚手架钢管杆件布置：立杆纵向间距 1 500 mm，横向间距 1 200 mm。大横杆横向间距 1 200 mm，小横杆横向间距 1 500 mm，但在操作层步架需加设 1 根，间距为 750 mm。大横杆、小横杆步距与脚手架的步距相同。南面、北面内排立杆的中心线离建筑物框架柱外缘 200 mm。标准步架高度为 1 800 mm，内排立杆沿水平方向自转角 500 mm 起附墙一次，间距不超过 4 m；高度方向按建筑物层高每层铺满固定竹脚手板。外排立杆沿纵向面满剪刀撑。除立杆允许对接外，大横杆、剪刀撑一律不得对接，只能搭接。搭接长度不小于 1 m。剪刀撑需采用 3 个转向扣件锁紧。

（4）斜拉式挑梁钢架布置

选用斜拉式挑梁钢架。挑梁用 18 工字钢,材料为 3 号钢。挑梁里端埋入现浇框架柱内 500 mm,外挑 1 800 mm 不等。挑梁外端加设斜位杆构成挑架体系。每 2 榀挑架之间放置 2 道 125A 工字钢纵梁,用螺栓和支座固定件与挑架进行连接。

（5）立杆基础和排水处理

立杆底座放在混凝土地面,从外脚手架立杆传来的荷载通过钢管传给立杆底座,再由底座底板传给地基。采用的立杆底座,用 150 mm×150 mm×8 mm 的钢板做成底板,在钢板中心加焊 60 mm×3.5 mm 的钢管,高度为 150 mm,4 个面上焊 5 mm 的加劲板。

脚手架地基用 C20 混凝土浇捣,承载力满足 80 kN/m²,在混凝土基础上放 200 mm ×200 mm×4 mm 钢板,立杆支搭于钢板上。

（6）脚手架四周的排水处理

本工程外脚手架都要经过至少 2 个雨季,如果没有畅通的排水系统,回填土被浸泡后往往产生不均匀沉降,支于其上的外脚手架的附墙件就会产生较大的附架应力,这是很不利的。为此,在脚手架底部设置排水沟,并与施工场地的排水沟相通。

**3. 材质要求**

（1）钢管和扣件

采用外径 48 mm、壁厚 3.5 mm 的钢管,立杆和大横杆长度 4～6.5 m,小横杆 2.2 m。其材质符合 GB 680—793 号钢的技术条件,有严重锈蚀、弯曲、压扁、损伤和裂纹者均一一清除。

直角扣件、回转扣件和对接扣件均采用铸铁扣件,是由可锻铸铁 KT-33-8 制成。对有脆裂、变形、滑丝等现象的扣件也进行了清查筛选。扣件螺栓用 A3 制成,并经过镀锌处理以防锈蚀。

材料部门订货采购的钢管、扣件等零配件,要求规格统一,材质优良,并有出厂证明书和出厂合格证书。

搭设前,所用构件、零配件由材料部门进行认真挑选,逐一检查,并由技监部门严格验收实物。

（2）型钢

悬挑水平钢梁用 18♯槽钢,其中建筑物外悬挑长度 1.5 m,建筑物内锚固长度 2.5 m。所用钢材均有出厂证明和合格证书。

脚手架小横杆与建筑物之间的空隙宜间隔 2～3 层楼设置封闭,以防高空坠落物打击。其做法是在内排立杆与墙面之间通长布置安全竹笆,竹笆下加 2 根搁栅与小横杆扎牢。

（3）立杆与建筑物的拉接

钢管脚手架与建筑物的拉接,对保持其稳定性十分重要。根据建筑物的轴线尺寸,在水平方向自外墙大角起不超过 5 m,竖向距离按建筑层高设置各点成梅花形相错布置。具体做法是在现浇钢筋混凝土结构上按上述尺寸埋设预埋件,然后用连接角钢 100 mm

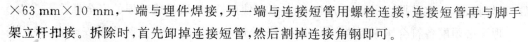

×63 mm×10 mm，一端与埋件焊接，另一端与连接短管用螺栓连接，连接短管再与脚手架立杆扣接。拆除时，首先卸掉连接短管，然后割掉连接角钢即可。

**4. 外脚手架使用要点**

（1）在外脚手架设计、使用过程中，应注意处理好以下几个方面的关系：

① 与在施建筑物的关系。外墙脚手架立杆若遇建筑物悬挑部位，应预留 100 mm×100 mm 的孔洞。脚手架钢管穿孔而过使其传力与雨篷脱开。

② 与垂直运输机械的关系。塔吊附墙件穿过脚手架时注意尽可能避开，不要相碰。立杆、大横杆、附墙连接件移位时，在原位置附近采取加强措施，保证了脚手架的稳定性不致减弱。对外用电梯塔身要求外移，使脚手架的外排立杆和大横杆能通过。

（2）外脚手架的搭设和拆除

钢管的搭设顺序为立杆→小横杆→大横杆→搁栅→剪刀撑→脚手板→栏杆。在立杆、大横杆、小横杆和剪刀撑绑扎齐备后，方可架设搁栅和脚手板。所有杆件连接均需用扣件。每个节点扣件的螺栓帽要拧紧，脚手架搭设应横平竖直。立杆、大横杆的接头分别相互错开，不得在同一水平面内。立杆的垂直偏差，第 1 段不超过 1/400，第 2 段不超过 1/200。

拆除顺序与搭设时正好相反，从上到下进行。一步一清，不准采用踏步式拆除做法。纵向剪刀撑应先拆中间扣，然后拆两头扣，由中间操作人员向下递杆子。拆除前应将脚手架上存留的材料、杂物等清除干净。拆除时，钢管、扣件应按类分放，零配件装入容器内。然后用升降机或运转平台送至地面，严禁高空抛掷。无论是搭设还是拆除，一个步架的工序未完成或铅丝、扣件已松开则不得中途停止，以免留下安全隐患。

**5. 安全措施及规定**

防雷采用脚手架与主体结构相连接的措施，在埋设第 2 段挑梁时，挑梁与柱方筋焊牢。

在结构施工阶段，可以充分利用塔吊的避雷针。进入装修阶段后，塔吊已拆除，由于外脚手架略高于建筑物，为增强避雷效果，各段应接通，并注意脚手架的底座须与建筑物的避雷设施相连通。

防电：各种电线不得直接在钢管架上缠绕，电线和电动机具必须与脚手架接触时应当有可靠的绝缘措施。

防火：由于采用竹脚片、尼龙安全网等易燃物，因此应设置足够数量的灭火器。电焊操作时必须有专人看守，防止火星点燃。不准在脚手架上吸烟。

夜间照明：夜间施工应设置足够数量的碘钨灯照明且照度适中，不得有阴暗死角。

风、雨、雪天施工：五级风以上，不得进行高空脚手架的搭、拆作业。大雨后一定时间内不得在脚手架上进行砌筑施工，雪天要经常清扫脚手架，防止积雪超载或打滑。

严禁在脚手架上拉缆风、堆放预制构件或其他重物。无论是脚手架的搭设还是拆除，均不得上、下步架同时作业操作。雨季到来之前，检查排水沟是否畅通无阻。

# 八、"三宝""四口"防护

现场进出大门应有"进入施工现场必须戴安全帽"标语，安全帽应正确使用、规范佩戴,系好帽带,不准乱抛、乱扔、用于坐和垫,不得使用缺衬、缺带或破损的安全帽。

现场必须配备符合国家标准的安全带,搭拆脚手架等高空作业时应系安全带,使用时高挂低用,高挂在牢固、可靠的物体上,使用后专人负责妥善保养,经常检查,发现霉变、硬脆、断裂等现象应及时更换。

现场必须重视临边"四口"防护,防护栓用红白相间的钢筋作护栏材料。楼梯踏步及平台临边必须设牢固的临时防护栏或篱笆;电梯井口必须设置高度不低于 1.2 m 的安全防护门或双道固定的防护栏杆,井内底层以上每层设 1 道水平安全网,电梯井道一律采取落地满堂架施工。预留洞口、坑井的防护要有严密的防护盖板,1.5 m 以上的洞口,四周设 2 道防护栏杆,洞口上张挂安全网。

建筑物出入口、通道口、临边施工区域、对人或物构成威胁的地方和机械设备必须搭设防护棚,棚宽大于通道口,外挑不少于 3 m,棚顶应满铺脚手片或木板,必要时铺设双层,两侧必须封严。

施工用电按照施工组织设计进行架设,严禁任意拉线接电,夜间施工危险、潮湿场所要有适度照明。高低压线路下方不得搭设作业棚、生活设施和堆放建筑材料等。脚手架与外架空线路必须保持安全操作距离,旋转臂架式起重机的任何部位或被吊物边缘与 10 kV 以下的架空层路边线,最小水平距离不得小于 2 m,否则必须采用防护措施,设置防护屏、围护片等进行全封闭,并悬挂醒目的警示牌。

施工用电室外线路用绝缘电线沿墙架设,严禁架设在脚手架上,过道电线采用硬质护套管埋地,并做标记。配电箱、开关箱的进出线必须使用橡胶绝缘电缆,电线必须符合有关质量要求。

手持照明灯具,危险和潮湿场所以及金属容器内的照明均采用安全电压。照明灯具的金属外壳作接零保护,单相回路内的照明开关箱必须装设漏电保护器,室外灯具距地面不得低于 3 m,室外灯具距地面不得低于 2.4 m。

配电箱及开关箱采用铁质材料制作,导线从下底面进线和出线并有防水弯,底面与地面垂直距离应控制在 1.3～1.5 m 之内,门锁齐全,有防雨措施,下班时断电锁门。配电箱及开关箱内装设触漏电保护器,做到三级保护。末端触电保护器工作电流不大于 30 mA。金属外壳应接地或接零保护,断丝严禁用铜丝或其他金属代替使用。实行一机一闸一保护,绝缘良好,无积灰、杂物。接地体使用 L 50 mm×5 mm 角钢或 φ50 mm 钢管,2.5 m 长,不得使用螺纹钢。每组 2 根接地体之间间距不小于 2.5 m,埋深不小于 0.6 m,接地电阻值满足规定要求,电杆转角杆、终端杆及总配电箱处必须设重复接地,接地电阻值≤10 Ω。

# 九、搅拌机、电焊机、潜水泵等其他机具

搅拌机搭设防雨操作棚,机体安装坚实稳固,排水畅通。各类离合器、制动器灵敏有效,钢丝绳、防护罩安全有效,料斗的保险挂钩齐全有效,操作杆必须有保险装置,停止作业挂上保险钩,有接地或接零保护,定人、定机,操作人员持证上岗。经常对机械进行维护、保养,保持机身清洁。

电焊机配线不得乱拉乱搭,焊把、把线绝缘良好,有防雨措施。

乙炔瓶距明火距离不小于 10 m,与氧气瓶距离不小于 5 m,有回火防止器,有保险链、防爆膜,保险装置灵敏,使用合理。气瓶应有明显色标和防震圈,严禁在露天曝晒。皮管头子用轧箍轧牢,严禁使用浮动式等旧式乙炔发生器。

潜水泵电源应完好无损,设置单独触保器,重点加以管理。

平刨、压刨、电锯等机具传动部位必须有可靠的防护罩、良好的接地或接零保护,安装触漏电保护器,实行"一机一闸一保护"。设护手安全装置、刀口回弹防护措施,电锯设防护或月牙罩,操作时必须使用单相电动开关。

手持电动工具(振动器、打夯机、磨石机、砂轮机、切割机、绞丝机、电钻等)应具有防护罩壳,橡皮线不得有破损,必须要有接地或接零保护,并单独配置灵敏有效的触电保护器。

钢筋机械(切断机、调直机、弯曲机、冷拔丝机、点对焊机等)做好保护接地或接零,并装设触漏电保护器,传动部分要有防护罩。机械运转中严禁用手直接清除刀口、压滚、插头等附近的钢筋断头和杂物。

钢筋工棚内的电线不得随意拖拉,应固定悬空挂设。

倒链的链轮盘、倒卡,操作时人不准站在倒链的正下方。

# 十、现场文明施工措施

施工现场应当达到环境美化、场布合理、施工有序等文明施工标准,必须推行现代管理方法,科学组织施工,做好施工现场的各项管理工作。

施工现场必须在明显处设置"五牌一图"和其他标牌。

工程场布图:标明工程建筑方位,生产、生活设施,各类材料堆场和机械设备设置区域,围墙、大门、进出通道、水电走向等。按施工三阶段(基础、主体、装饰)及时调整场布图。

工程概况牌示意图:标明工程项目名称,建设、设计、施工、质量监理、质量监督、安全监督单位名称,工程层数、面积、总高度,开竣工日期,施工许可证批准文号和项目部主要管理人员名单。

现场张挂"十项安全技术措施""安全生产六大纪律""十个不准""起重机械十个不准吊""门卫、机械操作规程牌""安全生产责任制"等 9 块标牌,以及有关安全生产、文明施工的宣传标语牌。

## 1．施工围墙、道路、场地的设置

施工现场周边设 2 m 高围墙,围栏应严密,禁止非施工人员进入工地,占道必须经有关部门审批,办好手续。

进出大门通道必须畅通。大门设柱,应坚固、美观,重要部位地坪混凝土硬化。

场内有通畅的排水设施和沉淀池,排水系统保持良好的使用状态,保证污水不外溢,保持场容场貌整洁,工地排放废污水必须向有关部门办理排污许可证。

工地大门采用铁质不透亮双扇门,脚手架外侧应挂设符合规定的密目网等安全防护装置,创造绿色宜人的空间,形成一种悦目的氛围。工地插企业标志彩旗,绿化装点施工环境。

**2. 临设工程的设置**

施工现场按施工总平面布置图设置办公室、食堂、宿舍、厕所、浴室等临时设施,要符合卫生、通风、照明等环境规定,并制定卫生制度,落实专人清扫,保持卫生清洁,防止"四害"孳生。

食堂必须卫生清洁,符合"食堂卫生法"各项要求。炊事人员应持"健康证"着白色工作服上岗。食堂应设置冰柜,做到冷热储藏分开,可铺贴瓷砖,改善食堂环境。

施工现场搭设的厕所应符合有关卫生防疫要求,厕所内外墙刷白,设冲洗设施,落实专人清扫冲洗,定期喷洒消毒药水。高层施工楼层也有符合卫生防疫要求的便溺设施,保持施工现场的作业环境卫生。

现场设简易浴室,不准在露天场地洗澡。

宿舍与生产区域隔离,可优先采用活动宿舍房,无法隔离的应合理安排整齐的宿舍,宿舍内外、床上用品应整洁、卫生,不乱倒污物和便溺。工地采用活动房或砖砌宿舍,内外墙刷白,床铺搭设统一、整齐,采用统一的被褥、床铺。

施工现场设茶水供应处,茶水桶应卫生清洁,经常消毒,防止疾病传染,并配备药箱和常用急救药物。

# 十一、环境保护措施

施工作业现场采用各种有效措施,努力降低施工产生的噪声;在清理场地、外脚手架时应防止粉尘飞扬而污染周围环境;车辆进出做到不抛洒、不滴漏,严禁污染道路;化灰池布置合理,灰浆严格控制不外溢,灰渣集中堆放不乱倒。夜间作业应符合环保规定,办理夜间施工许可证,并向工地周边居民公告,取得谅解。

**1. 现场材料堆放**

(1) 施工现场按施工总平面图合理布局堆放各类大宗材料、成品、半成品和机具设备等,并按不同规格、品种堆放整齐,标牌分类标识。

(2) 各类砌块堆放成垛,断砖合理利用,砂石料按规定堆放,施工作业中应随时清底,混凝土制品按型号规格堆放整齐,不超高、倾斜,防止断裂破坏,不同型号水泥应分类入库,不得混放。

(3) 钢筋、钢管、毛竹等应按不同规格堆放整齐,扣件、预埋件等零散材料应设置围栏堆放。

**2. 班组管理**

(1) 加强施工队伍管理,现场人员按公司规定登记造册,招用外来劳务人员的"三证"(身份证、劳务证、计划生育证)和暂住证必须齐全有效,经有关部门培训后才能上岗作业,人员变动情况应及时掌握,并做好调整手续。进出人员及时注销,培训考核后上岗。

作业场所建筑废料和生活垃圾集中堆放,设置遮挡设施或容器集中装置,并及时组织清理外运。

(2) 施工现场做好安全保卫工作,按有关规定配备门卫值班人员,落实防偷防盗措

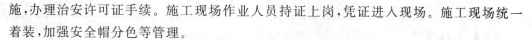

施,办理治安许可证手续。施工现场作业人员持证上岗,凭证进入现场。施工现场统一着装,加强安全帽分色等管理。

(3)各工种负责人及班组长应经常教育班组成员遵守公司各项规章制度,遵守劳动纪律,精心操作,并带头执行,杜绝"黄、赌、毒"情况发生,配合公司有关部门加强计划生育的管理。

### 3.防火管理

(1)现场应建立消防领导小组和消防组织,制定消防管理制度,落实消防责任制。

(2)重要部位(木工、油漆间、仓库、宿舍、明火作业区等)应有消防设施和隔离措施,易燃易爆物品必须有专人管理。

(3)使用明火作业,必须经有关部门和现场项目部办好审批手续,有专人监护。生产、生活设施(宿舍、工棚、食堂)符合消防要求,无火险隐患。宿舍内不得私自垒灶和烧电炉烘煮食物,不得用灯具取暖烘物,电线不得乱拉乱接。

(4)教育进场职工树立良好的社会公德,不破坏现场四周环境。

(5)场内排水设施通畅,保证污水不外排在道路上。生活垃圾和施工垃圾集中堆放,及时清运,不得向现场四周抛弃。场内、场外适当进行盆花布置。

(6)合理安排施工流水段,减少夜间施工。管理人员对机械噪声定期测试,做好记录,并及时提出整改意见。材料进出场做到文明装卸,尽量减少材料搬运过程中的噪声。

(7)散装水泥桶采用彩条布围挡,尽量减少粉尘外散。

(8)杜绝在现场焚烧一切废弃物,采取防止废气污染等措施。

## 第三节 施工机械设备的选用和配置

| 序号 | 设备名称 | 型号规格 | 数量 | 国别产地 | 制造年份 | 额定功率(kV) | 用于施工部位备注 |
|---|---|---|---|---|---|---|---|
| 1 | 钻孔桩机 | TGU－30 | 6 | 上海 | 2006 | 50 | 基础 |
| 2 | 锚杆设备 | SP－6 | 3 | 上海 | 2006 | 35 | 基础 |
| 3 | 塔吊 | QTZ60 | 1 | 杭州 | 2005 | 50 | 基础、结构、装饰 |
| 4 | 施工电梯 | SSED200 | 1 | 杭州 | 2006 | 15 | 结构、装饰 |
| 5 | 混凝土搅拌机 | JZM750 | 2 | 杭州 | 2005 | 40 | 基础、结构、装饰 |
| 6 | 混凝土输送泵 | HBT－50 | 1 | 杭州 | 2005 | 15 | 基础、结构 |
| 7 | 对焊机 | VN－100 | 2 | 杭州 | 2004 | 45 | 基础、结构、装饰 |
| 8 | 电焊机 | BX3－500 | 5 | 杭州 | 2004 | 15 | 基础、结构、装饰 |
| 9 | 钢筋切断机 | GJ5－40 | 2 | 上海 | 2005 | 5.5 | 基础、结构、装饰 |
| 10 | 钢筋弯曲机 | GW40C－1 | 2 | 上海 | 2005 | 5.5 | 基础、结构、装饰 |
| 11 | 木工圆盘机 | MJS | 5 | 上海 | 2006 | 3.5 | 基础、结构、装饰 |

| 序号 | 设备名称 | 型号规格 | 数量 | 国别产地 | 制造年份 | 额定功率（kV） | 用于施工部位备注 |
|---|---|---|---|---|---|---|---|
| 12 | 木工平刨机 | MB1043 | 5 | 上海 | 2006 | 3.5 | 基础、结构、装饰 |
| 13 | 型材切断机 | QJ-40-1 | 2 | 上海 | 2006 | 3 | 基础、结构、装饰 |
| 14 | 灰浆搅拌机 | 250L | 5 | 上海 | 2006 | 3 | 基础、结构、装饰 |
| 15 | 潜水泵 |  | 10 | 诸暨 | 2006 | 1.5 | 基础、结构、装饰 |
| 16 | 挖掘机 | PC-3 | 3 | 日本 | 2005 |  | 基础、结构 |
| 17 | 水准仪、经纬仪 | S6、J5 | 6 | 杭州 | 2006 |  | 基础、结构、装饰 |
| 18 | 井架 | JJKD-1 | 5 | 诸暨 | 2006 | 7.5 | 基础、结构、装饰 |
| 19 | 振动机、振动棒 |  | 50 |  | 2006 |  | 基础、结构、装饰 |
| 20 | 发电机组 | 100 kV | 1 | 上海 | 2004 | 100 | 基础、结构、装饰 |

小型机械设备、土方运输车辆按需配备。

**1. 施工主要机械布置**

基础、地下室施工阶段平面运输以塔吊为主，现场架设 QTZ60 塔吊 1 台，塔吊具体位置详见施工阶段平面图。

主体结构施工阶段垂直运输以 1 台塔吊和 1 台 SSED-200 施工电梯为主，现场架设 QTZ60 塔吊 1 台，SSED-200 施工电梯 1 台。

塔吊具体位置同地下室施工阶段，施工电梯具体位置详见主体阶段施工平面图。

装饰阶段垂直运输仍以主体结构施工阶段塔吊、施工电梯为主，现场架设 QTZ60 塔吊 1 台，SSED-200 施工电梯 1 台，具体位置同主体阶段施工平面图。

**2. 塔式起重机安装**

（1）安装时间：土方开挖完成即开始安装，以便在基础施工、地下室施工期间使用。

（2）塔基施工：塔基高度同地下室底板，按平面布置位置浇筑塔吊基础。

**3. 施工电梯安装**

安装时间：SSED-200 施工电梯 1 台，安装和主体结构同步，主要供主体结构阶段人员上下以及建筑装饰材料的运输。

**4. 混凝土搅拌站**

基础、主体结构均采用商品混凝土，现场少量混凝土生产用。

**5. 钢筋加工厂**

主要配置 2 条制作流水线的机械，主要设备为直螺纹套丝机、切断机、弯曲机、调直机、照明等。

**6. 木材加工厂**

主要用于木模板制作，主要设备有电锯、压刨、平刨、照明等。

# 第四节　施工配合措施

## 一、总体配合

任何基建工程的施工,除了土建施工外均离不开各专业工种的分工配合。本工程由于单位工程多且各有特殊的使用功能,所以各工种的专业分包单位更多、更复杂,对总承包方和各专业分包单位之间的配合、进度协调、质量管理及产品保护提出了很高的要求。本方案拟从施工管理和施工具体布置、安排两方面来加强指定分包人的施工配合工作。

## 二、与甲方协调配合措施

(1)本方案在施工管理组织体系上采取有效措施,将总包方和各分包方在组织管理方面紧密联系,确保总包方对各专业分包单位的质量、进度和产品相互保护等方面的有效控制,以求项目整体目标的实现。

(2)建立工程协调会制度。每周二由总包单位主持,当时参与施工阶段施工的各专业分包单位参加,甲方、监理列席会议。在协调会上,总结上周施工阶段的实施情况,明确下一阶段的施工安排,分析和协调解决实际施工中发生的问题。每月由总包单位发一次工程简报,通报现场质量、安全、文明施工等方面的检查情况。

(3)在协调会上,向甲方详细汇报前一阶段的施工情况及下一阶段的施工计划,并认真听取甲方意见,做好会议纪要,并按甲方要求认真落实各项改进意见,完成后以书面联系单形式请甲方认证。

(4)在工程质量管理上,对于甲方提出的质量整改意见必须落实到人,完成后由甲方签证。

## 三、与监理协调配合措施

各分部分项工程完成后均要由监理检查认可后方可进行下一道工序施工。

与质量有关的各种工序施工时要建立监理在场制度,如混凝土试块制作、钢筋取样等。

建立每周五监理例会制度,由监理单位总结前一阶段施工情况及不足,提出后一阶段施工中要改进的质量、安全等情况。各项内容均在落实后由监理签字后方可进行下一步施工。

## 四、安装与土建的配合

(1)预留预埋配合。预留人员按预留、预埋图进行预埋、预留,预留中不得随意损伤建筑钢筋,与土建结构有矛盾时由项目经理或施工人员与土建人员协商处理。

(2)卫生间施工的配合。在土建施工卫生间时,配合进行预留孔。

（3）暗设箱及墙面的开关、插座安装配合。暗设箱安装应随土建墙体施工进行,布置在墙面的开关插座应配合砌体施工进行。

（4）灯具、开关、插座安装配合。灯具、开关、插座安装应做到位置正确,施工时不得损伤墙面,若孔洞较大应先进行处理,在油漆完工后再装箱盖面板。

## 五、与分包单位协调配合措施

（1）把主要分包单位的项目负责人组合进总包方的现场指挥部,作为成员共同参与工程的统一指挥安排与协调。

（2）在项目经理部内专职配置熟悉有关专业分包业务且具有该专业丰富施工经验的工程技术人员参加对分包工程施工质量的控制,共同参与技术难题的处理。且有责任向项目经理反映分包工程进度、材料使用、产品保护等方面存在的问题,以保证问题能得到及时有效地解决。

（3）在总包方施工总平面布置时,统一考虑且布置各专业分包单位的施工及生活区,以便于管理和加强联系。

（4）在具体施工计划和布置、安排时,要随时将各分包单位的分部分项工程纳入总包方的总体施工计划和布置中。

（5）在各分包工程施工前,各分包单位必须提供详细的专项施工组织设计和施工进度计划,而总包方则应根据各分包单位提供的资料以及自己的施工计划和安排,从实际施工的具体要求出发进行综合安排,对施工过程中可能发生的矛盾预先进行协调、处理。

（6）将甲方、监理、设计方的工程联系单和涉及各有关分包工程的内容及时传送给有关分包单位,并督促其落实完成联系单中的内容。

（7）在结构施工中,督促有关分包单位及时进行预埋留孔洞及槽线的埋设,并在土建混凝土浇筑前由有关分包单位确认签证。

（8）在安排施工计划时,应充分考虑并留出各分包单位穿插施工的时间。

（9）做好对分包工程的产品保护,采取有效的防护措施。同时,也要求分包单位的施工人员对土建已完成的产品加强保护工作。

（10）向分包单位提供各种配合措施,为其工作顺利开展创造条件。如脚手架、垂直运输设备、施工用电以及标高、轴线的准确位置和数值等。

（11）督促各分包单位及时进行工程技术资料的记录、收集和整理,做到与工程同步,并保证其准确性。

# ［第七章］
## 质量创优夺杯策划及新措施

------------------------------------------------

## 第一节　工程质量创优保证体系

### 一、创优体系组成

（1）将被列入公司的特级重点管理项目，成立由公司及项目部共同组成的创优领导小组。由项目经理为组长，总工程师为副组长，成员由各专业技术人员和质量管理人员组成。定期召开创优工作会议。

（2）为使本工程获得省级工程质量奖"钱江杯"的目标，组织以公司一级项目经理为本工程的项目经理，组建强有力的项目管理班子进驻施工现场，并配备项目施工员及质量、技术管理等人员，组成强大的施工管理阵容，确保本工程达到预期质量目标。

（3）建立严密的质量保证体系，公司的项目经理部都有专职质量员，施工现场各班组都有兼职质量员，做到横向到边，纵向到底。

### 二、创优过程和要求

此阶段指工程开工前后约1个月时间，项目部要做好以下工作：

（1）做好宣传工作，对相关方施加影响

① 做好对项目部各成员方的宣传工作。项目部成员应在任何可能的情况下都要对下属各个班组做好宣传，让他们从根本上产生创优意识，配合创杯工作。

② 做好对设计方的宣传工作。工程最后能否创优，设计至关重要。要通过各种渠道向设计方明确本工程的创优计划，强化设计方人员在本项目的创优意识，力争在本工程设计中采用最合理、最先进的设计方案。

③ 做好项目部参建人员的宣传、动员工作。项目部要通过各种会议、交底的机会，向本项目部全体参建人员明确本工程的创优目标和创优计划，宣布各种激励措施，激发参建员工的积极性和创造力。

（2）做好创优计划工作

从签订本工程合同起，本公司就以确保本工程达到《建筑工程施工质量验收统一标准》（GB 50300—2001），争创"钱江杯"为目标，精心组织，精心施工，围绕分阶段创优目标。

① 工程总承包管理部组建强有力的项目管理班子，本公司总经理、技术经理和总工

程师重点关心,选择优秀的施工队伍作为分包单位,在提高全体施工人员创优意识的同时,坚持把创优目标分解到每个部位、每道工序,落实到每个管理人员、每个分包单位,从施工方案着手,针对性的制定了各阶段的质量保证措施。

② 本公司将在总工程师的重点关心下,及时、合理地编制施工大纲。

③ 施工过程中,项目部严格按施工组织设计施工,主管技术质量的副总工程师将定期率领技术质量部门等有关人员亲临现场,加强对各分包之间的质量监控和协调,加强关键工序和特殊工序的动态监控,每月组织一次技术质量例会,通过检查、汇总、分析、制定措施,总结经验。

④ 施工过程中严格把好"三关"。

一关:原材料进场关。严格执行材料合格证、质保书、准用证和复试制度,控制材料进场质量。

二关:抓好技术交底关。施工过程中,在每道工序施工前将质量要求、操作难点、要领和技术措施都向操作者交代明白,保证操作质量。

三关:做好检查验收关。建立四级验收制度(即班组自检、施工队互检、项目总承包部质量员专检、监理单位复查),使每道工序结束后就进行质量验收,发现问题决不放过,要求施工人员必须整改复检合格后才能进行下道工序,以保证整个工程的质量,确保工程实现开工前预定的目标。

⑤ 施工前,选择长期合作、具有类似工程施工经验的施工队伍承担本工程结构、机电设备安装及装饰工程的施工。对于专业性较强的施工部位,如地下室及屋面防水、玻璃幕墙等工序,采取竞标的方式选定最佳合作伙伴和施工单位。

# 第二节　各分项创优计划的分解

## 一、土建工程

(1)地下室结构基础分部核验条件

① ±0.00 以下分项工程全部施工完毕。

② 基础内模板全部拆清,坑内无积水。

③ 弹出水平标高线。

④ 所有质量缺陷全部处理完毕。

⑤ 资料齐全。

(2)根据本工程地下室为六级人防的特点,精心编制施工组织设计及质量计划。施工大纲审定通过后,针对工程特点和难点,以及民防工程的特殊要求,以强制性标准为依据,以保证结构安全和使用功能、克服质量通病为重点,编制详细的切实可行的施工组织设计和施工方案,明确地下室墙板止水钢板、人防通道口钢制沉降缝处理等关键工序和特殊工序的控制措施。对于优质结构、优质工程及重大工程的地下工程和首层结构施工方案,一律需通过总工程师和其他相关部门预审,在总体优化的前提下进一步深化细化,保证工程一次成活,一次成优。

（a）人防工程地面处理

（b）人防工程吊顶处理

图 7-1　人防工程地面和吊顶处理

## 二、上部结构工程

（1）主体分部核验条件

① 主体工程所含分项工程全部施工完毕。

② 弹出各楼层水平标高线。

③ 门、窗框校正、固定并嵌缝完毕。

④ 内、外墙粉刷制作完成,超过规定厚度（$b = 40$ mm）处应做处理。

⑤ 内、外墙护角线可先行施工,但严禁门窗侧边做水泥粉刷。

⑥ 除现浇楼板外,主体核验前严禁地坪施工。

⑦ 楼层垃圾全部清理完毕。

⑧ 所有分项工程的质量缺陷全部处理完毕。

⑨ 质量保证资料齐全。

分部工程质量核验前项目工程必须提前 5 天填写好分部工程核验单,并经项目经理、建设单位、设计单位确认签证后交技术质量科,经技术质量科核实后上报质监站申请核验。

（2）本工程主体结构施工严格按照设计图纸、施工组织设计和规范规程要求,从材料采购、施工工艺、模板制作、钢筋绑扎、混凝土浇筑、砖墙砌筑等主要分项进行控制,对各构件的断面、垂直度、平整度、轴线、标高等进行严格的管理和监控,保证结构工程施工质量。

（3）本工程结构质量将做到混凝土断面正确,棱角方正,表面密实光洁,砖砌体表面平整、清晰、灰缝饱满,梁底斜砖全部采用 45°切割,扶梯踏步棱角方正,断面尺寸一致,梯段板底表面平整、无接槎,电梯井道上下垂直、断面正确,为电梯安装起到了保证作用。

（4）平台板模板铺设时涂塑木夹板之间的板缝可适当离缝 3～5 mm,板缝施打发泡剂,表面张贴封箱带。

（a）屋顶排水管上部结构　　　　　　　　　（b）屋顶通气管结构

图 7-2　屋顶排水管与通气管结构

## 三、机电设备安装工程

本工程对机电设备安装工程的质量、工期、安全、文明施工要求很高。为确保整个工程创优，作为工程重要组成部分的安装工程必须达到优良标准。为确保这一目标的实现，我们对安装工程的质量目标进行了分解，以便有效地对安装工程的整个质量进行控制。

（a）离心泵设备安装　　　　　　　　　　（b）管网设备安装

图 7-3　离心泵和管网设备安装

## 四、资料整理工作

### 1. 工程质量保证资料

工程质量保证资料应符合国家《建筑工程施工质量验收统一标准》及建筑工程质量验收规范系列标准的要求，工程质量保证资料的内容要求齐全。

（1）产品、原材料质量保证书的技术数据应完整、清晰、盖有红章。

（2）材料试验的试样应有代表性。焊条、焊丝按每批进料或按同品种、同标号、同一出厂日期编号为一个取样单位。

（3）设备安装的主要材料和设备应有质保书和复试报告。

（4）其他。

**2. 工程主要技术资料**

本部分资料主要指工程一般施工记录、图纸变更记录、设备安装记录、预检记录、隐蔽工程检查记录、施工试验记录、工程质量验收记录和开竣工报告等。

（1）各专业技术人员每日记载的施工日志内容必须详细、准确。

（2）本工程要求将所有的资料表格全部按规定的格式表样输入微机存盘，技术管理人员在做资料时直接在微机上书写，签字、盖章部位空出，统一用 A4 纸打印，经有关部门签字盖章后交资料员收藏。

（3）现场配备的资料员必须按资料形成日期分类进行保管，并做好登记工作。

（4）技术人员在做好施工记录的同时，配合监理形成检验批，分项、分部（子分部）、单位（子单位）工程质量验收记录，所有的验收记录与施工记录相对应。

（5）隐蔽工程记录必须按施工情况如实填写，如名称、规格、数量、主要工艺等，必要时用简图表示；隐蔽记录上必须讲清楚对应的施工图号或设计变更号，质检员填写检验意见时要求详细、明确，验收意见填写"合格"或整改意见，出现整改意见的要写清楚整改后的质量情况，切不可出现"符合验收规范"等字样。

（6）质量验收记录要齐全、详细，手续签证要完整，表格必须按标准样表的要求填写。

（7）资料形成一定要与工程同步，项目副经理、项目总工程师每日下班前要根据当天的施工情况检查各项资料的形成情况并进行督促，保证当天事情当天完成，决不拖拉。

# 第三节　管理保证和技术保证

（1）施工前对各分部分项工程编制详细的施工方案，并请建设单位工程师、监理工程师和项目工程师审核，取得一致同意后再实施，切实做到先有方案后施工，绝不盲目施工。

（2）做好技术、质量交底工作，使每个操作者都明确各分部分项技术和质量要求，严格按设计图纸和施工验收规范有关规定进行施工。

（3）加强检查、指导、监督，严格执行自检、互检、交接检、质量检查制度，不符合优良标准的一律返工重做。

（4）积极推广"项目法"施工作业，通过项目管理方式，将全面质量管理方法和质量保证体系进一步落实到施工现场，落实到操作与管理过程之中，使它向全面、全员、全过程的现场标准化管理方向深化，做到"事事有标准，人人讲标准，检查按标准，考核按标准"。

（5）管理人员实行挂牌制，明确各自的责任，严格考评。现场做到天天检查，谁操作谁清理，操作质量也是如此。谁不按质量标准操作，就不予结算工效费用。

（6）操作标准化。项目开工后就必须接受施工现场标准化管理教育，特别是操作标准化教育，做到操作标准"一把尺子"。

（7）强化全面管理。在施工现场"三到位"（即基础、中间结构、竣工）的基础上严格把住"四个关"：

①材料质量关。使用一流的材料和设备，不符合质量要求的材料坚决拒绝使用。同时对一些主要和较为重要的材料，应经建设单位认可。

②技术交底关。在每一道工序施工前先做好技术交底工作，保证操作者掌握质量要求、操作要点、操作安全和技术措施，做到要求明确，措施明白，保证操作质量有把握。

③优质样板关。重要分项工程施工前要坚持实样交底，提倡先砌一垛墙，先做一块地坪，先做一间粉刷和先装一樘门，在总结经验的基础上，组织操作者参观样板，用实物交底，再大面积展开施工。

④成品保护关。严格做好成品保护工作，使完成的工程不被损坏。

（8）实行专业施工，建立 QC 小组，对细部工程进行攻关。

（9）做好技术质量、交底工作，使每个操作者都明确各分部分项技术和质量要求，严格按设计图纸及施工验收规范和有关规定进行。

（10）加强检查、指导、监督，严格执行自检、互检、交接检、质量检查制度，不符合优良标准的一律返工重做。

（11）贯彻执行 ISO 9002 质量体系认证标准，公司内审人员定期对项目执行情况予以检查、考核，并建立相应的奖罚制度。

（12）积极推广使用新技术、新材料、新工艺，使工程质量在原有基础上提高一个档次。

# 第四节　土建工程创优措施

## 一、轴线定位控制措施

（1）施工现场轴线定位、标高控制点必须严加保护，避免毁坏。在施工期间，按分部分项施工要求进行定期复核检查，确认施工轴线、标高这一基本要素的准确性。

（2）轴线控制点、总标高控制点和定位放线的测设必须经过书面认可。

## 二、基础垫层及回填土质量控制措施

（1）垫层混凝土浇捣后按准确的控制轴线投点，弹线符合要求后方可进行下一道工序施工。

（2）回填土前，必须严格做好隐蔽工程的验收工作以及基础工程的质量评定，回填土必须选用洁净的原状土，分层分皮夯实回填，并做好环刀试样记录，检测回填施工质量。

## 三、模板及支撑体系质量控制措施

（1）模板体系制作时，必须严格按设计图纸和木工翻样图要求进行加工，运至现场后必须加强验收环节。

（2）对于支模分项工程必须高度重视。安排总体支模技术方案、模板材料选择和支模顺序,由专业施工员、支模班组用经纬仪和水准仪控制轴线和标高。特别要重视承重满堂架的搭设方案,必须进行荷载计算。保证整体模板的稳定、严密、垂直、平整、轴线准确、标高一致,做到道道把关,层层落实,事先检查和核对,同时要选好支撑体系的材料。混凝土浇筑时要有专人值班,确保模板的良好刚度和准确成形,保证整体工程顺利进行。

## 四、钢筋工程质量控制措施

(1)结构钢筋绑扎时,必须严格按设计图纸之规定要求进行,尤其是杆、板、梁的结构主筋连接,要严格按有关钢筋连接规范执行,由钢筋翻样向钢筋班组仔细全面交底,并且要在施工过程中加强复核验收、验证工作。

(2)工程所用的钢筋,进场时必须具备厂方提供的原材料质保书及合格的复试报告资料,并同步收集归档。严格控制垫铁位置,采用增加定位箍及限位筋电焊固定措施。浇捣混凝土时派专人负责看管,发现钢筋移位及时纠偏固定。严格控制楼板上下层钢筋的位置,采用设置撑脚的方法控制,在混凝土浇捣时应穿挑或铺板增加操作面,避免混凝土浇捣时作业人员踩踏负筋造成变形而影响楼层施工质量。

(3)在结构施工过程中,对所有钢筋连接结头(除绑扎外)包括机械连接,应在监理见证下现场取样,送专业测试单位进行复试,确认合格后方可进行下道施工。

## 五、混凝土工程质量控制措施

(1)结构混凝土施工时,一方面加强同水泥、黄沙和石子供应单位之间的联系,以确保此3种材料的供应优质、充足;同时,在混凝土浇捣过程中加强混凝土质量监控。

(2)加强对混凝土坍落度及试块抽检管理,在现场设立标准养护室,在标准条件下养护,做好的试块及时送检,确保混凝土养护资料反映准确、及时。

(3)现场混凝土浇捣,必须严格监控混凝土振捣质量及混凝土收头质量,确保混凝土结构的施工质量。

(4)基础混凝土浇捣时,按气候条件及时做好恰当的养护措施,确保施工质量;施工现场必须加强材料和机具等方面的组织协调工作,确保混凝土正常连续供应。

(5)平台梁、板混凝土浇捣时,必须严格控制好平台混凝土的面标高及平台板厚度,平台面按双向间距1 500 mm布置,由收头人员用2 mm长括尺按控制标志括拍平整,并根据混凝土的干硬情况用细木蟹打磨2遍,确保平台板混凝土收头质量,最后视季节气候条件及时做好养护工作。

## 六、砌筑工程技术质量控制措施

框架填充墙砌筑时,必须按操作规程要求拉设麻线,画出皮数杆进行组砌,确保墙体砌筑质量,各楼层墙体随混凝土结构楼层的施工进度情况同步逐层进行砌筑。

## 七、装饰工程技术质量控制措施

对于装饰分项施工中的每一道工序都必须强调施工中的检查验收工作,这道工序被检查为不合格产品则必须返工,绝对不可以进入下一道工序。

(1)为了确保本工程达到《建筑工程施工质量验收统一标准》并争取获得"钱江杯"工程目标,一方面必须在结构表观质量方面作出特定的质量水准,同时在装饰施工质量方面直接影响到工程质量等级的评定,必须加强各道工序的层层把关验收,以及各专业分包之间的协调配合,确保质量达标目标的实现。

(2)严格执行质量控制验收程序,加强质量交底工作,确保工作质量目标层层落实、认真执行。

(3)各操作层面、作业部位的施工必须推行谁施工谁负责的制度,操作人员姓名、实测质量数据必须用直接标写或图纸标注的方式进行标识反映,定期进行评比、考核,切实提高整体施工质量。

(4)土建湿作业部分工程是装饰工程最基本的部分,必须确保墙、顶面等部分的平整度、垂直度、截面尺寸标高控制达标率95%以上。

(5)有关饰面层施工前必须选择在同等条件的基层进行样板施工,经建设方代表和监理工程师确认合格后方可进行现场实际施工。

(6)装饰施工阶段必须做好施工作业面的施工安全和消防设施、措施的到位落实工作,同时更应按照施工进度情况,由专人负责落实做好已完工或正在施工中的成品、半成品等的产品质量保护工作,确保已完工的产品不被污损。

## 八、原材料质量控制措施

(1)加强材料的质量控制,凡工程需用的成品、半成品、构配件和设备等严格按质量标准采购,各类施工材料到现场后必须由项目经理和项目工程师组织有关人员进行抽样检查,发现问题及时与供货商联系,并采取退货措施。

(2)合理组织材料供应和材料使用并做好储运、保管工作,特别是对建设单位指定材料的供应商,在材料进场后应安排适当的堆放场地和仓储用房,指定专人妥善保管,协助做好原材料的二次复试取样、送样工作。

(3)对于施工主材应加强取样工作,对每批进场水泥必须取样进行安定性和强度等物理试验,钢筋原材料必须取样进行拉伸、抗弯等物理试验。所有防水材料必须进行取样有关指标复试;对混凝土及砂浆的粗细骨料必须进行取样分析,所有原材料均须取得合格的试验证明后方可投入使用,坚决不在工程中使用不合格的材料。

(4)所有材料供应部门必须提供所供产品的合格证,凡不符合质量标准、无合格证明的产品一律不准使用,并采取必要的封存措施,及时退场。

## 九、现场计量器具管理措施

由专职计量员负责本工程施工所用计量器材的周期鉴定、抽检工作。

(1)现场计量器具必须确定专人保管、专人使用,并建立使用台账,他人不得随意动用。

(2)所有计量器具(包括经纬仪、水准仪、钢卷尺、台秤、天平、温度计、稠度仪等)要定期进行校对、鉴定,损坏的计量器具必须及时申报修理调换,不得"带病"工作。

## 十、产品保护及其他

(1) 对于建设单位方指定或提供的产品,作为施工承包方一方面协助建设单位对产品进行检查、验证,同时在施工现场提供适宜的存储条件,并负责监管,避免受损。

(2) 结构变形缝、后浇带施工都必须严格按照设计及规范规程要求进行施工,留缝宽度必须顺直正确,模板拆除时缝口内垃圾浮碴必须清理干净,有关缝口处理的埋件必须位置正确,以确保变形缝施工质量,满足建筑功能要求。

(3) 搬运、吊装过程中,为防止倾倒损坏设备,着重注意其受力点,同时必须牢牢控制其重心。兜底千斤顶吊装时,如对设备产生夹力,可制作支撑杆(梁)来避免。

(4) 安装过程中,房间门窗安装完毕,门可锁,并严格控制无关人员进入,防止设备零件被损坏或被窃。关键部门设岗派人监护。

(5) 电气设备最忌受潮,而地下室在施工过程中往往也是最潮湿的地方,因此,除尽量安排在内部土建工程结束后进行安装外,还要采取有效的通风和遮、盖、堵等措施。

**图 7-4　创优工程细部构造**

# 第五节　机电工程质量创优措施

本项目在施工全过程中严格按照施工图和国家现行施工质量验收规范要求进行,公司以确保工程质量目标为中心,以对本工程高度负责的态度,把质量管理贯穿于施工管理的全过程,从工程施工的准备阶段开始实行工程全过程的质量控制,以一流的工程质量向业主交工。

# 一、工程质量目标

## 1. 机电工程质量总目标(包括纳入总包管理的机电独立分包工程)

安装工程的施工质量按照国家现行技术标准进行质量检验。安装工程质量总目标:各道工序完成后必须达到合格等级验评标准,配合土建使整体工程质量符合合格要求并争创"钱江杯"。

## 2. 单位分部分项工程创优目标

单位工程质量符合合格质量要求,符合"钱江杯"要求。

# 二、工程质量责任制

## 1. 项目质量负责制

(1) 项目质量负责制

本工程实行项目经理质量负责制,项目经理对本工程施工质量负全责。

施工员对所负责施工的分部工程质量负责。

班组长对所施工的分项工程质量负责。

(2) 质量监督制度

① 施工班组对所施工的内容阶段性完工后,必须做好质量自检记录和各种原始记录。

② 项目质检员对该工程所有项目进行跟踪检查,审核复验班长的自检记录和各种原始记录。

③ 公司质量部门对本工程的项目质量进行定期检查,审核所有的技术资料和原始资料,并要求资料与工程同步。

(3) 施工人员上岗制度

① 所有施工人员必须参加安全、技术培训,并取得专业上岗操作证后方可上岗。

② 担任本工程的施工员、项目经理和技术负责人应具备相应的资格证书。

(4) 技术管理制度

① 严格把好审图关。现场技术负责人应组织施工员进行审图,对施工设计图有疑问的内容要及时向有关部门和有关人员提出,做好审图记录,以便顺利施工。

② 施工员应根据自己的施工内容编写施工方案,进行技术交底、创优目标交底,并做好书面技术交底后交给施工班长。

(5) 材料设备管理制度

① 工程所用的主材、配件和设备,无论是乙方供还是甲方供,都必须到有信誉的厂家购买、订货,严格把好主材、配件、设备关是创优工程的基础。

② 为确保工程材料、设备质量,本公司采购的一律按 ISO 9001 采购程序到合格供方

采购。

③ 所采购的主材必须具有材料质量证明书原件或原始复印件,复印件应加盖供货单位印章,其数据应符合有关标准。

④ 工程用配件、设备等除具有说明书外,还应具有出厂合格证和有关性能测试报告。

⑤ 材料、配件、设备的保管、发放严格执行本公司 ISO 9001 管理程序。

(6) 项目经理与各施工班组签订质量责任制,采取奖罚措施优重奖劣重罚原则,提高施工质量

### 2. 实行三级质量监督检查网络

本工程将严格执行公司 ISO 9001 质量体系程序文件和有关规章制度,确保质量保证体系正常运行,公司设有质量监督机构,配齐专职质检人员,形成公司、工程项目部和班组的三级质量监督检查网络。

### 3. ISO 质量体系文件

认真执行本公司质量体系文件。质量体系文件包括质量保证手册、程序文件、施工工艺、施工组织设计、作业指导书、各工序技术交底书、相关的技术文件和法令、法规。

## 三、质控措施

### 1. 施工准备阶段的质量控制

(1) 施工合同签订后,项目经理部应索取设计图纸和技术资料,指定专人管理并公布有效文件清单。

(2) 项目经理部应依据设计文件和设计技术交底的工程控制点进行复测,当发现问题时,应与设计人协商处理,并应形成记录。

(3) 项目技术负责人应主持对图纸审核,并应形成会审记录。

(4) 专业技术主管在施工准备阶段应列出预埋预留点和技术措施。

(5) 项目经理应按质量计划中工程分包和物资采购的规定,选择并评价分包人和供应人,并应保存评价记录。

(6) 企业对全体施工人员进行质量知识培训,并保存培训记录。

### 2. 物资供应阶段的质量控制

主要控制材料供应计划、材料采购环节、材料入库前检验、材料装卸、入库保管、材料发放以及施工机具的操作、保养、校验等,杜绝不合格的产品、材料用于本工程。

### 3. 施工阶段的质量控制

主要控制施工程序是否合理,安装质量是否符合标准、规范。尤其是隐蔽工程的质量,要严格跟踪检查验收,并及时做好记录。本公司在做好工程质量自检、自评的基础上,通知建设方、监理方验收签证后方可进行下道工序施工。系统调试、工程验收要由公司组织人员先进行预验收,预验收合格后才能进入交工验收。要做好技术资料与施工同步。

**4. 使用阶段的质量控制**

工程质量交工验收合格后,根据用户需要,留下部分人员为客户的设备维修人员进行培训,直到用户满意为止。工程交付使用后必须做好质量回访工作,建立保修制度及技术服务档案,提高技术服务质量。工程质量控制的最终目的是满足用户的使用要求、安全要求和美观要求。

# 四、严格完善的检验手段

## 1. 采用先进的检测手段和方法

公司中心实验室负责对各种计量器具和仪器、仪表进行检测,能确保施工过程中各种理化试验的及时性和连续性。同时,对高、低压电气设备及电气系统进行检测和调试。

对各类通风管道进行漏风、漏光检测,对系统风量进行平衡,确保通风和空调系统正常运行。

根据验收规范和有关验收标准,对水、电、风设备等系统进行质量检验,并根据检验结果对工程进行质量评定。在本工程的施工、调试和验收阶段,特别是在一些特种设备办理验收和使用手续等方面,本公司会及时向业主提出预见性的建议,协助业主进行方案的报批及验收通过。

## 2. 关键工序的检验

本工程安装质量应在确保达到质量目标的基础上扩大检查数量直至全部。

(1)管道安装的主要控制点及检测方法

① 管道预制:强调管道的预制由施工员绘制管道系统单线图,在单线图上标注好下料尺寸,减少施工差错,并确定好封闭管段,留出加工余量或待测的管段,预制工作按管道系统单线图进行,确保施工质量。

② 管道的标高、坡度和走向要严格按设计要求,偏差不得大于国家标准。布管要美观,多排管的间距要一致。

检测方法:水平尺(水准仪)、拉线、尺量。

③ 丝接管道的安装质量主要是控制丝口的加工,不得有断丝、缺丝。管螺纹的锥度、螺距等符合要求。管件的旋入松紧要合适,一般露出2～3扣,接口处无外露麻丝。镀锌层破损处做好防腐处理。

检测方法:外观检查。

④ 管道或管道与法兰的焊接要控制焊接质量。焊缝要饱满、焊透,无气孔、夹渣、裂纹、焊瘤、咬边等。焊缝的高度和宽度应符合规定,彻底清理飞溅。管道与法兰的焊接要控制垂直度、螺孔位置。

检测方法:外观检查用5倍放大镜,焊接检测尺检查。

⑤ 采用镀锌管时不得破坏镀锌层。

检测方法:观察或解体检查。

⑥ 设备安装前的基础混凝土强度、坐标、标高尺寸和螺栓孔位置必须符合设计要求,

尺寸偏差符合规范要求。设备的调试应符合说明书的操作程序,管道接口应严密、无渗漏,管道布置应美观合理。同类型设备安装尺寸一致,排列整齐。设备和管道油漆光亮、无污垢。

检测方法:水准仪、尺量、测试仪(转速表、温度仪、万用表等),白布擦拭表面,观察。

⑦ 管道的试压无渗漏。保温管道应紧密无缝,表面平整美观。

检测方法:电动试压泵、压力表。手感、目测。

⑧ 支架安装要牢固,规格安装尺寸到位,油漆的种类和涂刷遍数符合要求,附着良好,无起皮、起泡和漏涂,色泽一致,无流淌及污染现象。

检测方法:观察。

⑨ 保温管道的保温层要紧密、无缝隙,表面要平整、挺括、干净。保温材料和厚度要符合设计要求。

检测方法:观察、尺量。

(2) 电气系统安装的主要控制点及检测方法

① 控制配管质量。主要控制丝管的弯头质量,螺纹电管的跨接以及进入箱盒的位置尺寸应正确,管子露出 2～4 扣。隐蔽敷设的管、盒位置正确稳固,不得遗漏。明敷线管及支架应平直牢固,排列整齐,油漆防腐完好。线管穿过变形缝时应有补偿装置,穿过基础时应加保护套管。

检测方法:观察、跟踪检验、记录。

② 电缆桥架的安装坐标和标高正确,排列整齐,接地(接零)线连接可靠,电缆在桥架、槽盒内布线应排列整齐,不得有重叠、弯扭现象。电缆保护管的管口光滑,无毛刺。

检测方法:尺量、观察。

③ 防雷接地的预埋要到位,焊接要饱满,焊接尺寸和质量要符合规范要求。接地线布线及接地电阻符合设计要求,做好记录。

检测方法:跟踪检查、兆欧表。

④ 电缆、电线的型号和规格应符合设计要求,测量各线路的绝缘电阻,做好记录。

检测方法:兆欧表。

⑤ 检验配电柜、配电箱安装高度,应符合设计要求,偏差应符合规范,接线应正确,布置美观,接地良好,接线有明显编号,柜、箱盖里应贴有布线图,柜、箱体油漆完好、均匀。

检测方法:观察、尺量。

⑥ 开关、灯具安装应配合土建内装修进行。开关、灯具的安装高度位置应符合设计要求,偏差不得超过规范要求,安装时应拉线定位,横竖成线。开关、插座等盒盖与墙体应严密,多个排列时其高低、间距应一致且符合规定。开关、灯具的使用性能应良好,表面应清洁无垢。

检测方法:尺量、拉线、观察。

⑦ 各类电机、电器的接线应正确。接地可靠,接地电阻值应符合产品要求或设计要求,开关、控制台操作应方便、合理、灵活。设备运行正常,表面油漆无损。

检测方法:万用表、兆欧表,试运行。

(3) 通风与空调安装的主要控制点及检测方法

① 风管的制作质量：金属风管的规格尺寸必须符合设计要求，风管的咬合必须紧密，宽度均匀，无孔洞、半咬口和胀裂现象，直管纵向咬缝错开。焊缝严禁烧穿、漏焊。非金属风管由专业单位制作及安装，进货验收时材料质量应符合设计要求，并强调风管的漏风率及强度应有试验数据，确认合格后方可采用。

检测方法：尺量和观察。

② 部件制作质量：各类部件的规格、尺寸必须符合设计要求，防火阀的转动部件必须采用耐腐蚀材料，关闭严密。外壳、阀板的材料厚度严禁小于 2 mm。各类风阀的组合尺寸必须准确，叶片与外壳无碰擦现象。

检测方法：尺量和观测。

③ 风管及部件安装：安装必须牢固，位置和走向符合设计要求，部件方向正确，操作方便。防火阀检查口的位置必须设在便于操作的部位。支吊托架的形式、规格、位置间距符合设计要求，严禁设在风口、阀门及检视门处。风帽安装必须牢固，风管与屋面接触严禁漏水。

检测方法：尺量和观测。

（4）测量

对管程高度、基础标高的测量，本公司配备了专业测量员，使用全站仪定位，大大提高了测量定位精度。设备安装使用激光测量技术，采用激光扫平仪对标高基准实时测控，通过该仪器扫描控制面，为其中任一个通视点提供基准。作业人员通过该仪器可随时判断作业点的高低，铲高垫平，提供基础标高控制精度。

# 五、成品保护措施

建筑安装成品保护是保证施工质量，把优质产品交给业主的关键步骤。对成品的保护工作从以下 3 个方面进行：

## 1. 成品保护的职责

（1）由项目经理组织对工程成品进行保护。

（2）项目技术负责人和项目副经理制定成品保护措施或方案，对保护不当的方法制定纠正措施，督促有关人员落实保护措施。

（3）材料员对进场的原材料、成品和半成品进行保护。

（4）班组施工责任人对上道工序产品进行保护，对本道工序产品交付前进行保护。

## 2. 成品保护的分工

（1）原材料存放场内搬运的保护由材料员负责。

（2）加工产品在进入现场后由施工班长负责保护。

（3）工序产品在验收前，由该工序的班组负责人负责保护，验收后由下道工序班组负责人负责保护。

## 3. 成品保护措施

（1）一般成品的保护方法

① 场地要求平整、干净、牢固、干燥、排水通风良好、无污染。

② 所有成品按方案要求在指定位置进行堆放，便于存取运输。

③ 在货架上的成品要分类、分规格堆放整齐，对易损坏、变形成品应按产品要求采取相应措施预防。

④ 成品在搬运中要注意不得损坏其外观和质量，安装中注意对成品的保护，使其在施工中少受损伤。

（2）电气工程成品保护

① 预埋电管在浇混凝土前应封堵好管口，防止杂物及混凝土进入管内，在浇混凝土时由专人看管，防止电管移位及损伤。

② 灯具、开关、插座在安装中要戴干净纱手套，安装后即用塑料膜（套）进行保护，防止二次装饰污染。

③ 电器箱、柜在交工前用塑料罩覆盖保护。

④ 交工前安排专人值班，保护好已安装的成品。

（3）管道工程成品保护

① 已安装的管道及时做好管口的临时封堵工作，防止建筑垃圾进入管内，并在下道工序前保证封堵情况完好。

② 卫生器具安装完成后局部进行关闭（如洗手间），在交工前不准使用，并安排专人看管。

（4）通风空调工程成品保护

① 镀锌钢板和超级风管在现场专设仓库保管，堆放整齐，防止损伤。

② 施工中与其他专业安排好施工顺序，避免其他专业施工时损坏风管。

③ 已预制完的风管在安装前两端用塑料膜临时封口，已安装到位的风管在开口部位也用塑料膜封口保护，防止风管内部污染，并检查封口的完好情况，破损处重新封口。

④ 安装风口、散流器等应戴干净手套操作，防止汗渍污染。

⑤ 风管的保温在隐蔽前检查其完好情况，对损坏部位及时进行更换，确保保温层的严密性。

（5）土建装饰工程成品保护

① 现浇钢筋混凝土工程成品保护：在配合土建预留预埋中，在基础、梁、板绑扎成型的钢筋上不能任意踩踏或重物堆置，以免钢筋弯曲变形。预埋焊接不能有咬口、烧伤钢筋，不得随意弯曲、拆除钢筋，如已损伤钢筋，应及时通知土建管理人员进行修补。预留预埋完工后，作业面上的多余材料及垃圾要及时清理干净。

② 混凝土成品保护：在已完成楼层混凝土地面上施工作业材料，要分散均匀，尽量轻放，不得集中堆放。安置施工机械设备应垫板，并做好防污染覆盖措施，防止机油等污染。不得用重锤击打混凝土成品及随意开槽打洞。

③ 装饰工程成品保护：必须在二次装饰后完成的安装工作，必须戴干净的手套，防止污染吊顶、墙面。在有瓷砖的墙地面施工，工具和材料要轻放，不能损坏瓷砖。施工中污染的瓷砖，完工后要及时清理干净。有瓷砖的部位严禁进行电、气焊及带火星的作业（如砂轮切割机等）。

（6）交工前成品保护措施

为确保工程质量达到用户要求，项目施工管理班子应根据实际情况，在装饰安装分区或分层完成后，在总包统一安排下应专门组织专职人员负责成品质量保护、值班巡查。成品保护值班人员按项目领导指定的保护区或楼层范围进行值班保护工作。

成品保护人员按施工组织设计或项目质量保护计划中规定的成品保护职责、制度办法，做好保护范围内的所有成品检查工作。

专职成品保护值班人员工作到竣工验收，办理移交手续后终止。在工程未办理竣工验收移交手续前，任何人不得在工程内使用一切设施。

① 对于原材料、制成品、工序产品、最终产品的特殊保护方法，在施工时由项目技术负责人在施工交底时予以明确。

② 当修改成品保护措施或成品保护不当需要整改时，由项目技术负责人制定作业指导书交成品保护负责人执行。

# 参 考 文 献

[1] 住房和城乡建设部.混凝土结构工程施工质量验收规范(GB 50204—2002)[S].北京:中国建筑工业出版社,2002.

[2] 彭圣浩.建筑工程质量通病防治手册[M].3版.北京:中国建筑工业出版社,2002.

[3] 王五奇.机电工程创优策划与指导[M].北京:中国建筑工业出版社,2016.

[4] 史明亮.框架结构钢筋混凝土质量控制浅谈[J].中州建设,2004(5):43-43.

[5] 赵洪波,高晓娟.钢筋混凝土框架结构加固改造[J].山西建筑,2008(12):26-28.

[6] 关志荣.关于钢筋混凝土框架结构施工中的质量控制问题[J].科技创新导报,2008(12):34-35.

[7] 叶文穗.建筑施工手册[M].4版.北京:中国建筑工业出版社,2003.

[8] 王明熙.装饰工程手册[M].北京:中国建筑工业出版社,1992.

[9] 李娜.抹面砂浆应用前景广阔及质量控制[J].中国建材报,2009,2(4):22-26.

[10] 高学芹.浅谈基层处理技术及特点[J].山西建筑,2009,19(3):243-244.

[11] 程绪楷.混凝土结构工程施工质量验收规范[M].北京:中国建筑工业出版社,2001.

[12] 熊茜,朱永.李家沱大桥索塔混凝土内部缺陷检测[J].中华建设,2016(7):156-157.

[13] 王建国,毛利胜.高精度打击法在混凝土内部缺陷检测中的应用[J].四川理工学院学报(自然科学版),2010,23(1):1-3.

[14] 戚磊,郭朝辉.混凝土内部缺陷红外无损检测多因素影响分析[J].公路,2014(8):234-240.

[15] 卜迟武,耿浩.混凝土柱内部缺陷的红外热成像无损检测[M].北京:机械工业出版社,2013.

[16] 申永利,孙永波.基于超声波 CT 技术的混凝土内部缺陷探测[J].工程地球物理学报,2013,10(4):560-565.